目录

轻松编织饰带……4
小托特包……7
飘带……18
发带……20
腰带……22
装饰链与耳环……24
饰边……26
饰带……28

环形编织花片……30
连接花片的装饰垫……31
多用途蕾丝垫……36
杯垫……38
水杯盖布……40
连接花片的装饰领……42
四边形、六边形、心形、椭圆形的装饰垫……44

可爱的发卡蕾丝小物……46
应用饰带的装饰领……46
小包……47
发圈……48
应用饰带与花片的迷你披肩……49
束口袋……52
纸巾盒与迷你束口袋……53
蝴蝶、树叶、青虫的花片……56
婴儿鞋……60
各种圆形花片……64

钩针编织的符号图与编织方法……84

入门教程发卡蕾丝……8
材料和工具……8
发卡蕾丝编织器……10
一起来编织织片吧……11
关于织片……12
编织图的看法……13
编织并连接小托特包的饰带……14
各种实用小技巧……16
用不同大小的发卡蕾丝编织器编织饰带……17
连接花片的装饰垫……32
用不同大小的发卡蕾丝编织器编织花片……34

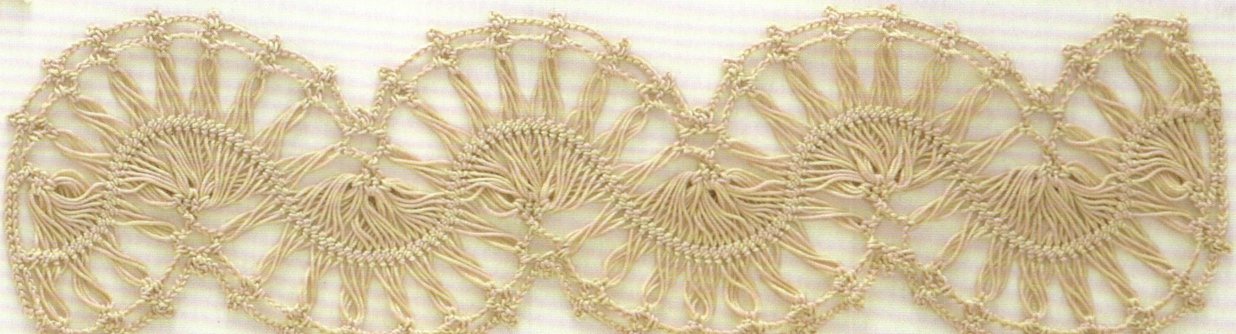

❋轻松编织饰带

发卡蕾丝的基础从“饰带”开始。
线圈的挑钩方法不同，形成的花样效果也各不相同。
或是编织长一点，或是连接起来，首先从简单的饰带开始钩吧。

步骤 1

在发卡蕾丝编织器上绕线，
将线圈编织成细长的带状织片。

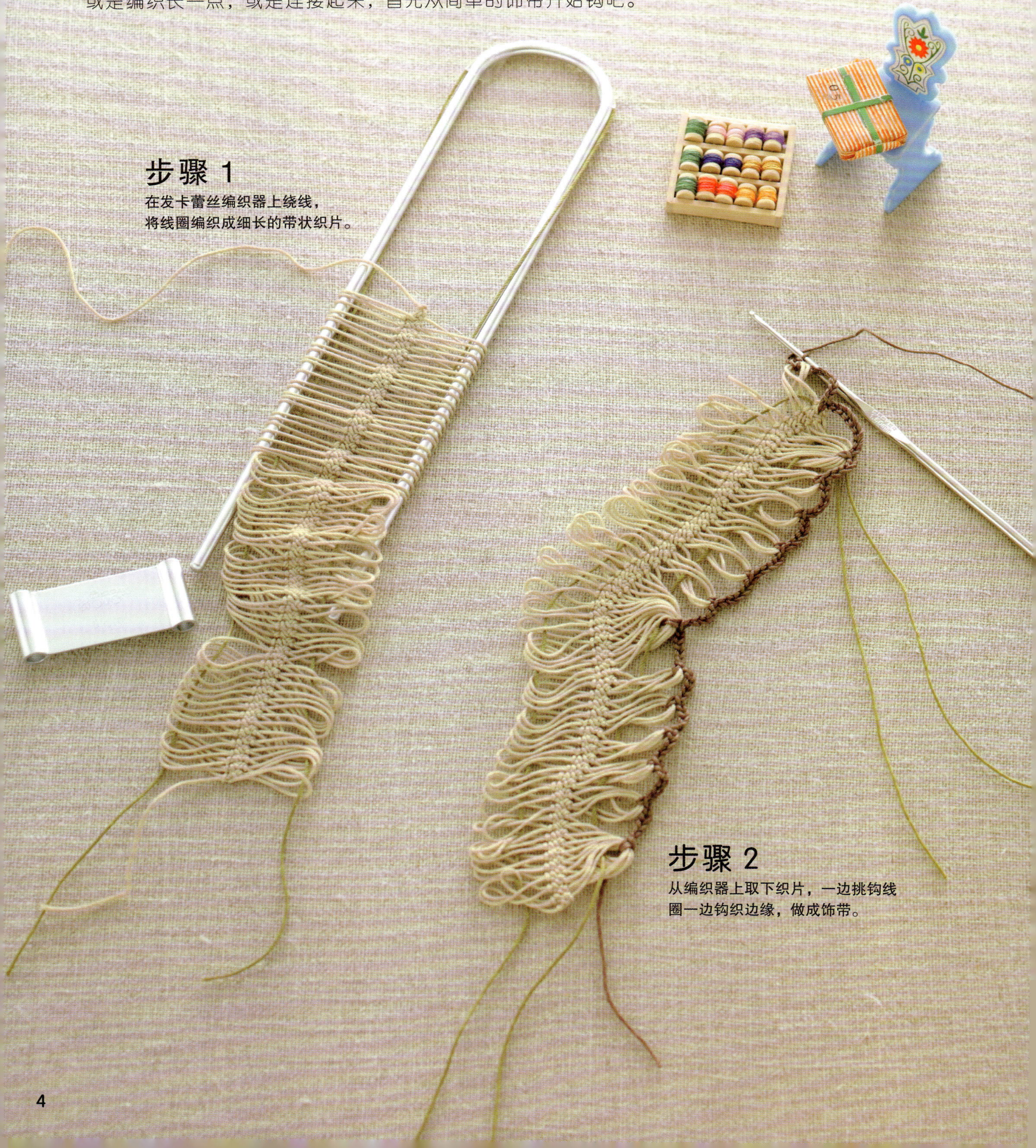

步骤 2

从编织器上取下织片，一边挑钩线
圈一边钩织边缘，做成饰带。

步骤 3

钩网眼针将 2 条饰带连接起来。

步骤 4

在连接后的空隙里钩入花片。

发卡蕾丝入门教程

〔日〕有泉佳子 著
蒋幼幼 译

My First Hairpin Lace

河南科学技术出版社
·郑州·

前言

从小我就喜欢手作，其中最爱编织。
自从接触各种蕾丝后就爱上了纤细优雅的蕾丝，并不断进行创作活动。
本书介绍发卡蕾丝，其中作为蕾丝基础的饰带，只要会钩织短针和锁针就能完成。
据说这种蕾丝因其一开始是用发卡编织的而得此名。
发卡蕾丝是一边将线绕在 U 形编织器上一边用钩针编织而成的带状蕾丝。
为了让初学者也方便学习编织，本书收录了很多花片等作品，
使用稍粗的线材（蕾丝线为 10 号左右）、2 号蕾丝钩针、4cm 宽的方便操作的编织器，
掌握方法后 2 小时左右就能完成这些作品。
操作简单，却非常有趣，
只要努力就能完成。
是让人很容易就喜欢上的蕾丝编织。
一起来体验发卡蕾丝的魅力和制作过程的乐趣吧！
希望本书能得到大家永久的喜爱。

有泉佳子

bag

小托特包

这是在发卡蕾丝中很受欢迎的波浪形饰带。
在连接好的 2 条饰带的空隙里钩入小花片，制作成小包。
初学者也能轻松挑战哦!

编织方法…p.66
用线 / Olympus Emmy Grande <Herbs>

入门教程 **发卡蕾丝**

发卡蕾丝是在发卡蕾丝编织器上绕出线圈，并钩短针连接线圈的简单蕾丝。
将线圈编织成细长的带状织片，然后成束挑钩线圈或者连接线圈，编织成作品。
如果掌握了发卡蕾丝编织器的使用方法，
只要会基础的钩针编织技法，任何作品都能轻松完成。
这就是发卡蕾丝的魅力。

开始编织前

下面介绍编织发卡蕾丝作品时所需的材料和工具、编织时方便使用的小工具。
编织前最好了解一下哦。

[材料和工具]

线…发卡蕾丝虽说是“蕾丝”，其实从蕾丝线到毛线、马海毛、缎带、花式线等，只要是可以缠绕在发卡蕾丝编织器上，任何形状的线都能够用于作品中。
由于线本身的形状和给人的感觉都非常直观，选择不同的线可以享受创作各种作品的乐趣，这也是发卡蕾丝的特点。
在本书中，使用初学者也方便操作的10号左右的蕾丝线来介绍作品。

〈实物大小〉

Olympus
Emmy Grande
100%棉
50g/团・约218m
45色

容易编织、丝绸般的光泽、丰富的颜色、长期受钩针编织爱好者喜爱的经典蕾丝线。

Olympus
Emmy Grande
〈Herbs〉
100%棉
20g/团・约88m
18色

制作小物品时非常方便的小团Emmy Grande线。从优雅的自然色到极具浪漫的色彩，颜色丰富。

Olympus
Emmy Grande
〈Colors〉
100%棉
10g/团・约44m
26色

制作小物作品时非常方便的小团Emmy Grande线。彩色铅笔般漂亮的颜色用来装点作品再合适不过了。

Olympus
Emmy Grande
〈Bijou〉
97%棉 3%涤纶
25g/团・约110m
10色

在Emmy Grande线中捻入金色或银色丝线，给人高级质感的蕾丝线。

DMC
BABYLO 10号
100%棉
50g/团、约267m
39色

丝绸般的光泽和编织时顺滑的手感是这款蕾丝线的特点。完成的作品结实不变形，是一款奢华的蕾丝线。

DMC
CEBELIA 10号
100%棉
50g/团、约270m
基础色8色、彩色31色

纯棉的钩编用线。完成的作品柔韧，最适用于制作精致的饰物、装饰垫和花边等小物。

※截至2013年3月

发卡蕾丝编织器

形状似发卡，有可以变换多种编织杆间距的，也有用压脚固定编织杆间距的。
※ 本书主要使用发卡蕾丝编织器（5个一套）中4cm宽的编织器。

蕾丝钩针、钩针

根据线的粗细选择合适的钩针。此处，根据所用线材使用2号蕾丝钩针。

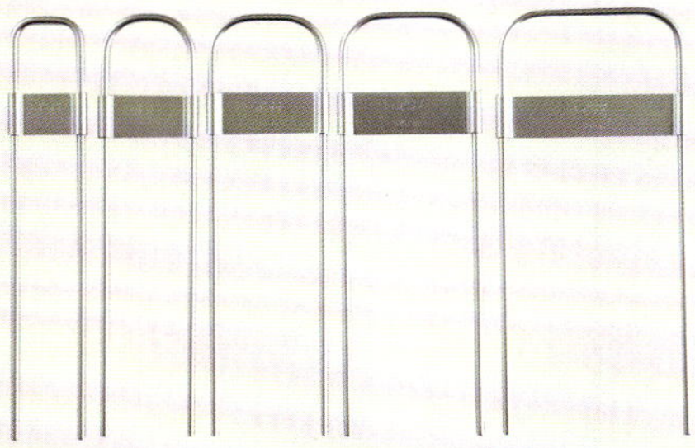

发卡蕾丝编织器（5个一套）

3、4、5、6、8cm宽

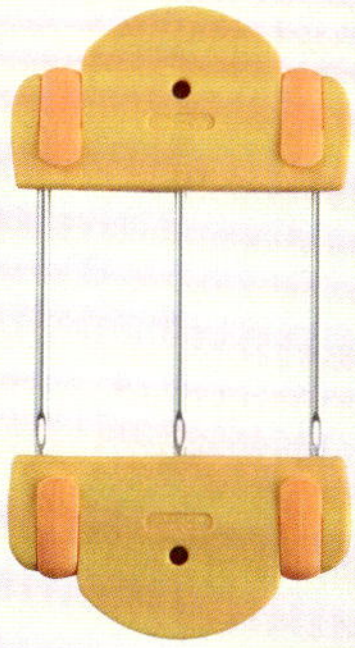

发卡蕾丝编织器（弹簧夹式）

以1cm为单位，可以变换编织杆间距(2~8cm)的弹簧夹式编织器

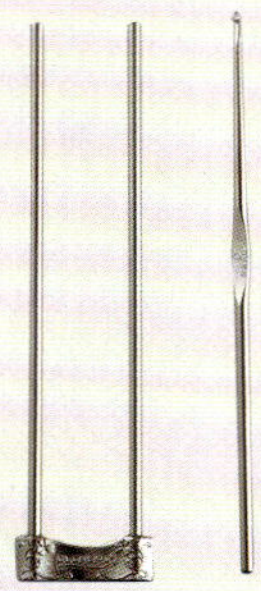

发卡蕾丝编织器"迷你款"

(2cm宽)附0号蕾丝钩针

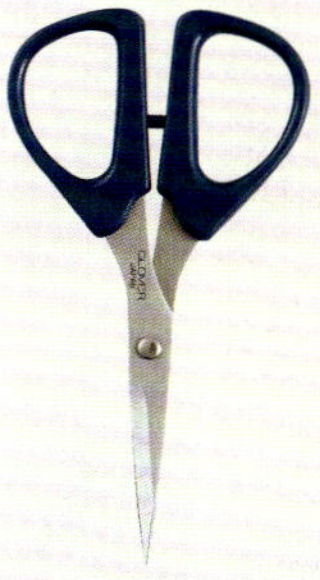

剪刀

推荐尖细锋利的手工艺剪刀。

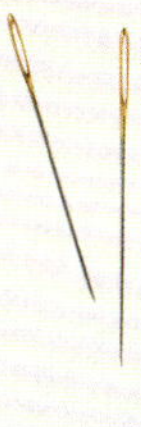

缝针

用于处理线头时使用。精细编织物用的缝针和十字绣针等针尖稍圆钝的，用起来比较方便。

棒针帽

在编织杆顶部插上编织帽，以免发卡蕾丝编织器上的压脚脱落，非常方便。也可以使用橡皮筋等代替。

橡皮筋

将编织好的长织片集中起来，固定在编织杆上。

胶带

用于将线头和另线固定在发卡蕾丝编织器上。

[发卡蕾丝编织器]

顾名思义，据说用装饰头发的发卡进行编织是发卡蕾丝编织器的起源。
首先来认识一下编织器各部分的名称、作用及基本握法吧。

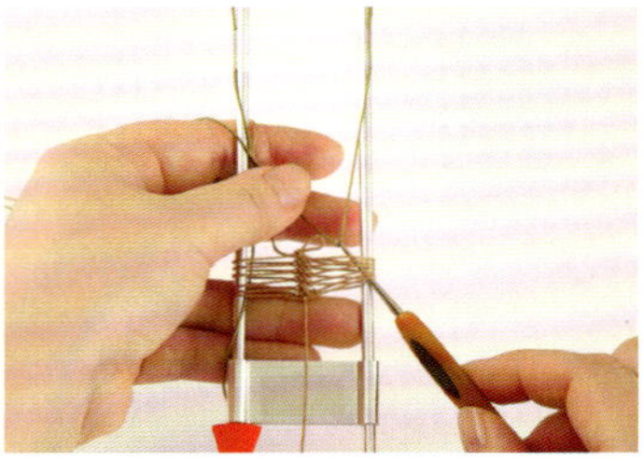

在发卡蕾丝编织器上编织几个线圈后，在编织杆上固定另线并将其穿过线圈。

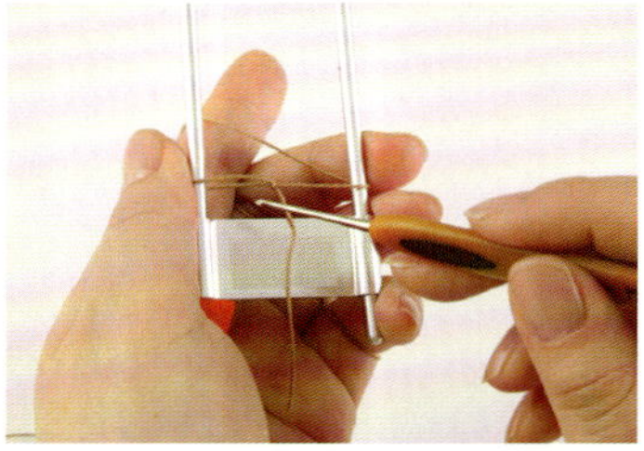

将开始编织时的线头固定在压脚上，使其处于发卡蕾丝编织器的中间。

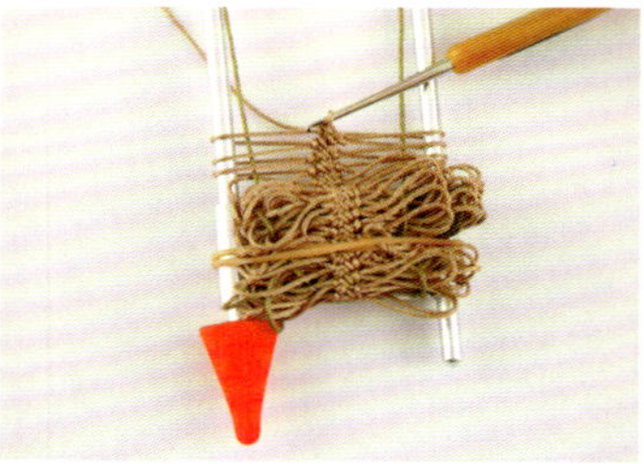

在编织较长的织片时，当发卡蕾丝编织器上的线圈编织到一定数量时，将线圈从编织杆上取下。将取下的线圈从下往上卷起来，然后用橡皮筋等固定好即可。

握法

左手

挂线方法与钩针编织要领相同。将线穿过中指和无名指的内侧，挂在食指上拉直，然后用拇指和中指扣住发卡蕾丝编织器。

右手

持针方法与钩针编织要领相同。在距离针头 3~4cm 的位置用拇指和食指轻轻握住钩针，再用中指抵住。

Lesson
一起来编织织片吧

使用发卡蕾丝编织器编织线圈。刚开始使用起来可能有点难，但是，因为只是重复简单的操作，随着钩编的进展，会很快熟练起来，发卡蕾丝编织也会变得越来越有趣。

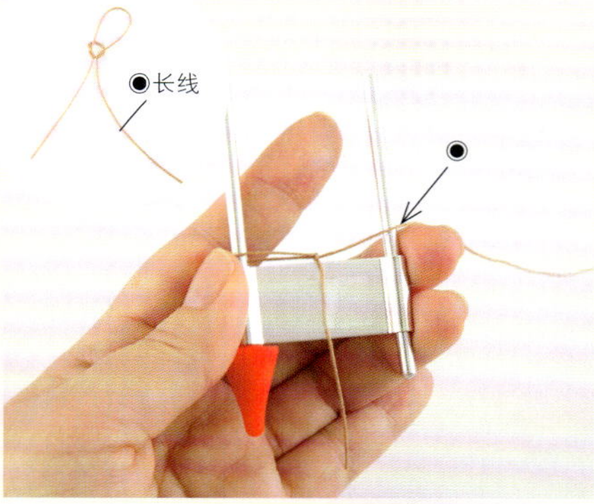

1. 用线头做一个线环(线圈)，挂在左边的编织杆上。从编织器上取下织片前，要解开这个线环的结扣。将线环的结扣拉至编织器的中间，将线头固定在压脚上。

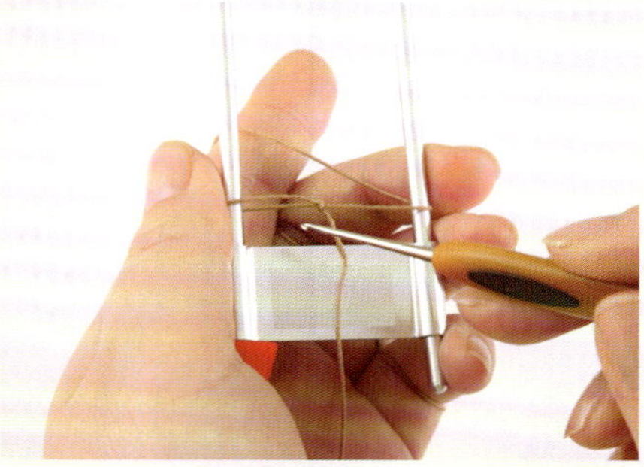

2. 将线从右边的编织杆的前面绕到后面，挂在左手上。

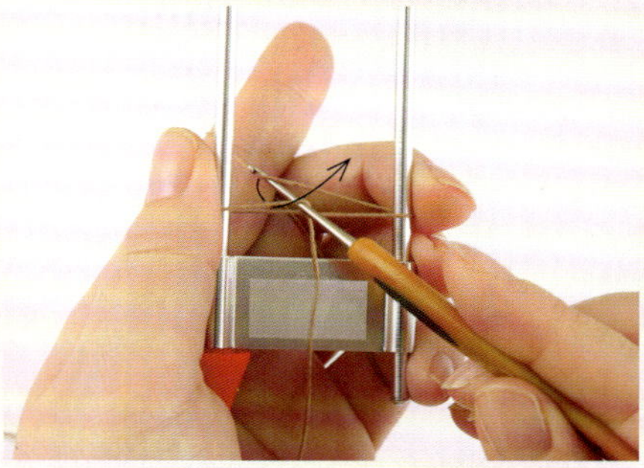

3. 就像挑取线圈前面的1根线，将钩针从下方插入线环中，如图所示挂线后拉出。

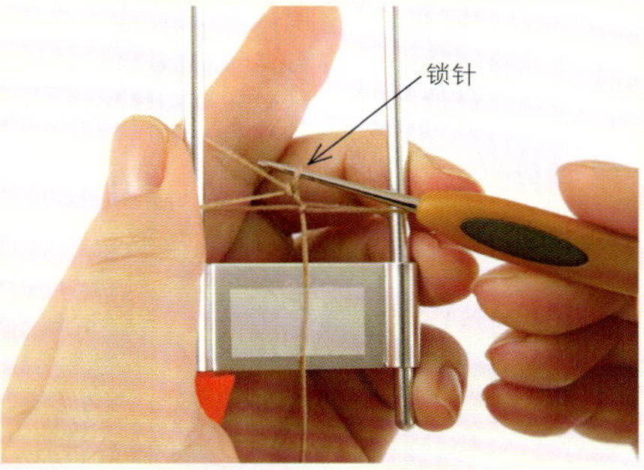

4. 在线圈前面的1根线中钩1针锁针。

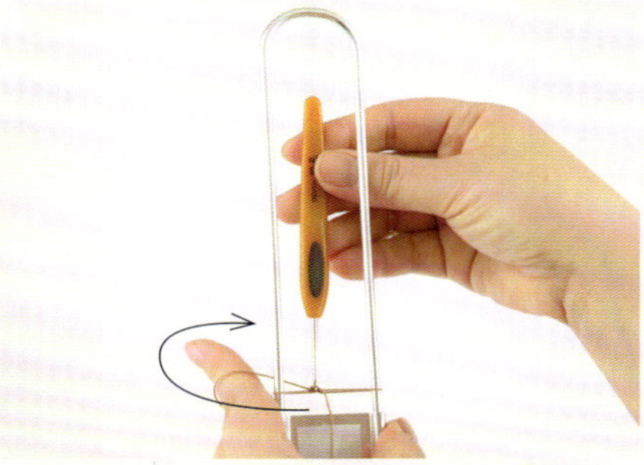

5. 针头朝下竖起蕾丝钩针，如箭头所示将编织器转半圈(翻至反面)。

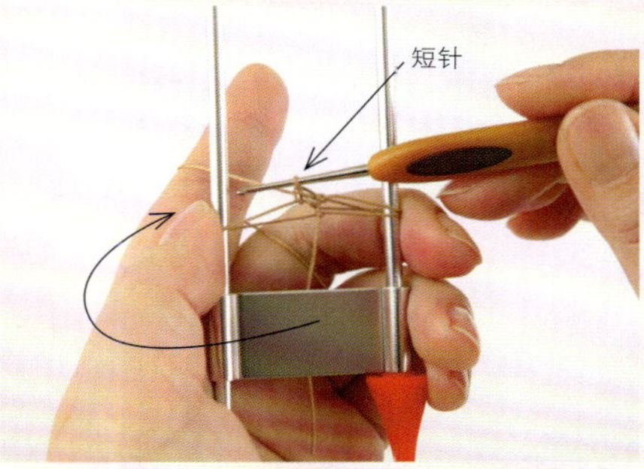

6. 就像挑取线圈前面的1根线，将钩针从下方插入线环中，钩1针短针。如箭头所示将编织器转半圈。

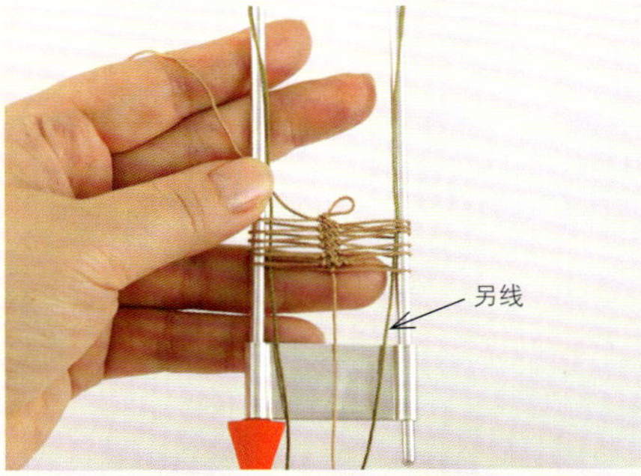

7. 重复步骤5、6编织所需数量的线圈。编织几个线圈后，在线圈中穿入另线。

编织终点

用于制作饰带，还是像花片一样连接成环状，钩织结束时根据不同的情况采用不同的方法锁紧针目。

●饰带

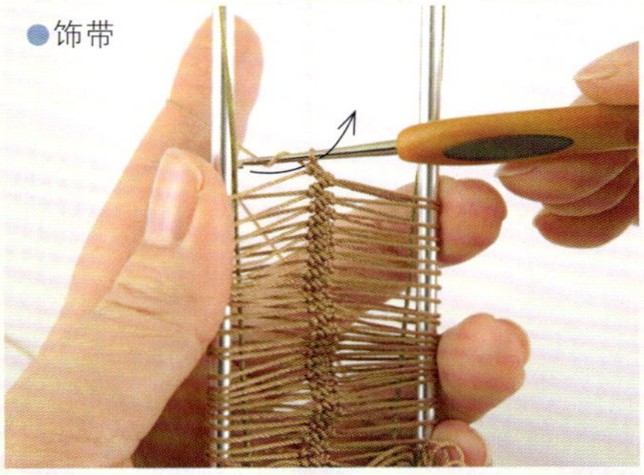

将线头穿过挂在针上的编织终点的针目，拉紧该针目。

●花片

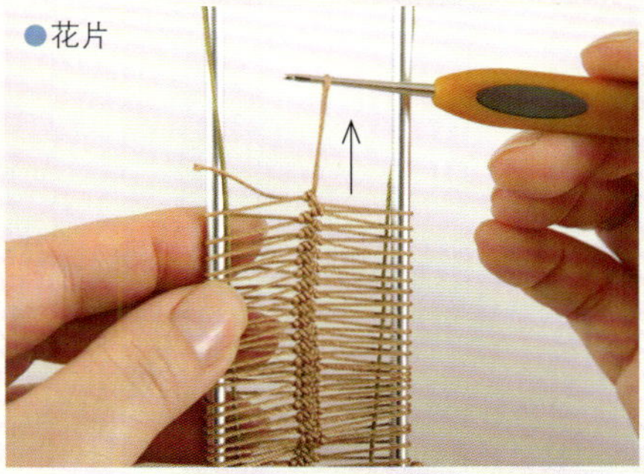

将挂在针上的编织终点的针目直接引拔出，锁紧针目。

[关于织片]

下面介绍作为发卡蕾丝基础的织片和线圈。
这里已经用4cm宽的发卡蕾丝编织器编织了63个线圈。接下来这个织片可以制作成饰带或花片。
如果直接从发卡蕾丝编织器上取下织片，线圈会一圈圈地缠在一起，杂乱地朝向不同的方向。
如果在从编织器上取下织片前穿入另线，可以避免线圈扭曲，后面的操作也会更加顺利。

●正面与反面的区分

因为发卡蕾丝是正面、反面以半圈为单位一边翻转发卡蕾丝编织器一边编织，从编织器上取下的织片外观上没有正反面的区别。如果一定要区分正反面，由于总是挑取线圈的前面1根线进行钩编连接，所以可将最后的线圈没有挑钩固定的那一面视作反面。

●关于线圈

发卡蕾丝的线圈是左右各1个线圈交替编织的，所以将左边的线圈与右边的线圈视作1对线圈。织片编织结束时要使左右线圈的数量相同。为了避免断线后才发现"线圈数不够"这样的状况，不妨多编织几个线圈，然后拆解至所需线圈数。

●编织起点的线圈

最初制作的线环的结扣有时与短针挑钩的针目看起来不一样，考虑到成品的美观，从编织器上取下织片之前就要解开这个结扣。但是，解开结扣后最初的1个线圈会消失，所以最初的线圈所在一侧要比所需线圈数再多编织1个线圈，使左右两边的线圈数相同。

●编织终点

织片用来作饰带，还是像花片一样将编织起点和编织终点连接成环状后使用，根据不同的情况，编织终点要采用不同的处理方法(参照p.11)。
用作饰带时，在最后的针目里挂线引拔，锁紧该针目。但是，用作花片时，直接拉出最后的针目，再连接编织起点和编织终点，尽量使接合点看起来自然。

〈实物大小〉

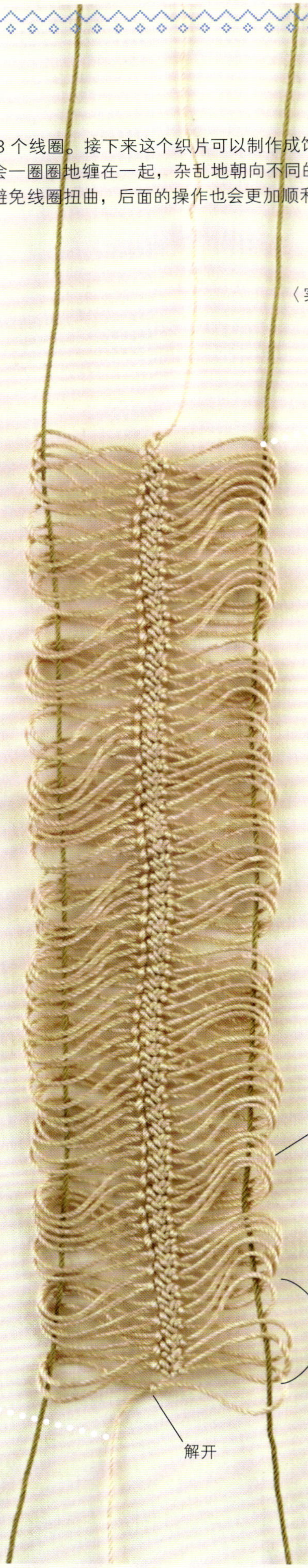

反面

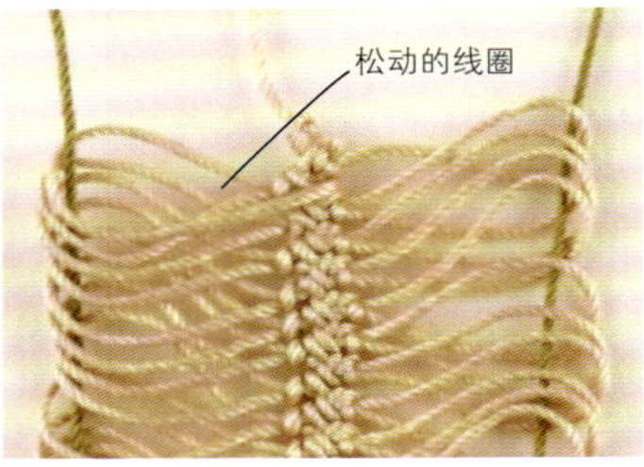

织片的反面
最后的线圈没有钩短针加以固定，线圈呈松动状态。因为后面处理线头(参照p.16)时要固定这个松动的线圈，这一面就成为织片的反面。

从发卡蕾丝编织器上取下线圈之前

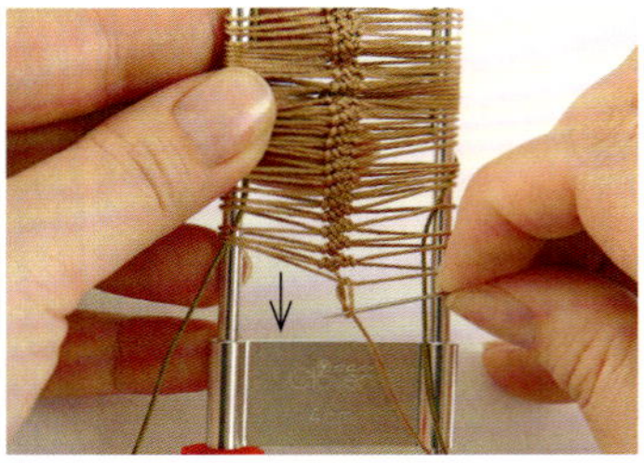

用针尖挑开结扣。如果将织片从编织器上取下之后用力拉线头，另一侧的1个线圈也会一起消失，要小心哦!

[编织图的看法]

作品的编织方法用“编织图”，也就是由符号和数字构成的图解表示，标记为从正面看到的作品状态。
图中的饰带用右侧的编织图表示。
要编织的织片的线圈数、挑钩的线圈数、线圈与线圈之间的编织针目等，从编织起点到编织终点都一目了然。

饰带

编织图

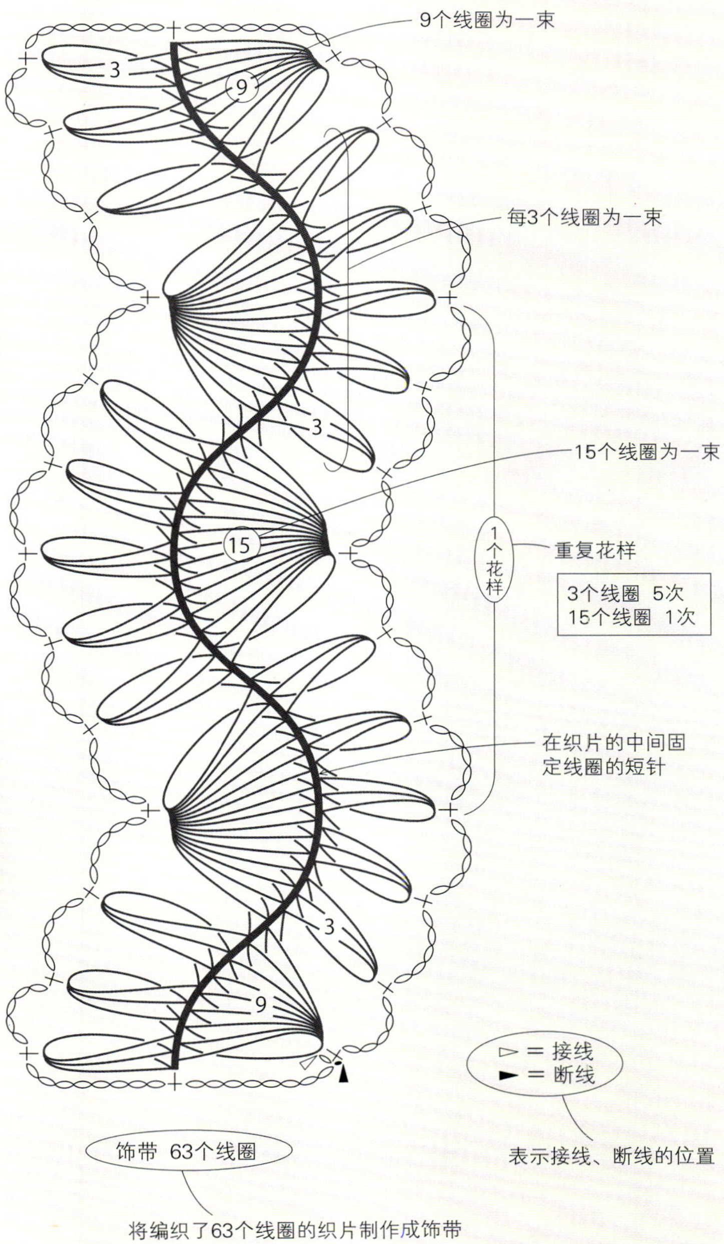

Lesson
编织并连接小托特包的饰带

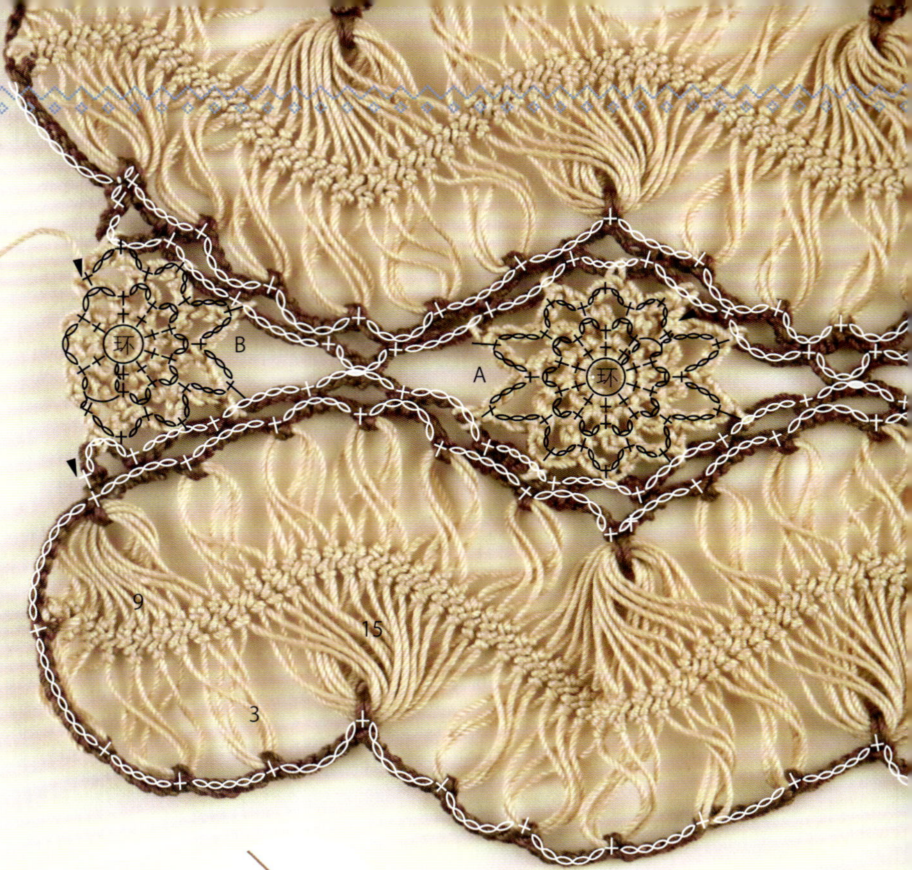

编织要点

1 编织 63 个线圈的织片。
2 参照图解，一边挑钩线圈一边在织片上钩织边缘编织，制作饰带。
3 编织 2 条饰带，一边钩边缘的第 2 行一边进行连接。
4 将预先准备好的花片连接在饰带间的空隙里。
5 编织并调整连接好的饰带周围。

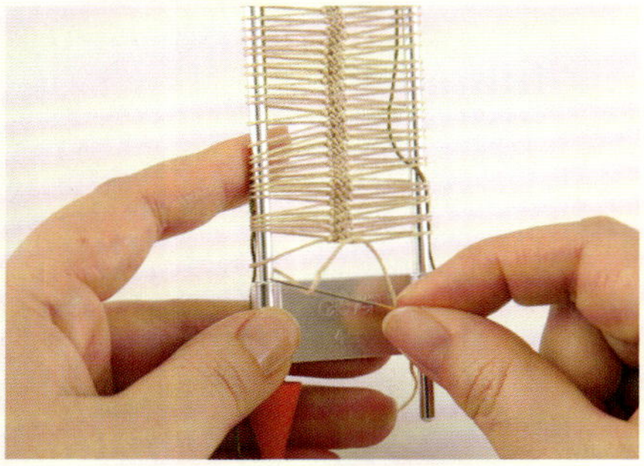

1. 编织63个线圈+1个线圈，从发卡蕾丝编织器上取下线圈前解开编织起点的结扣，制作成63个线圈的织片。

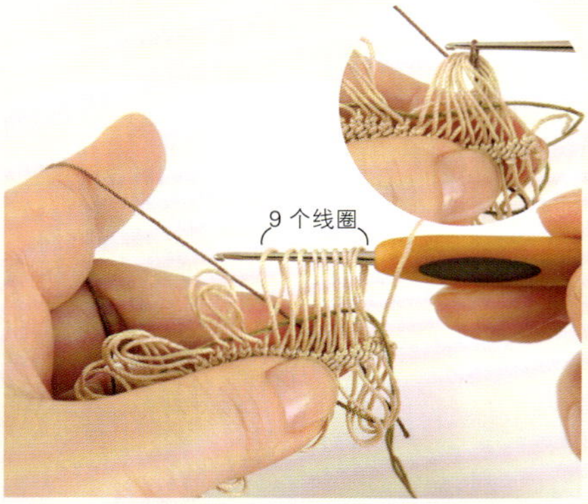

2. 将钩针插入织片的编织起点端的9个线圈里，挂线拉出。

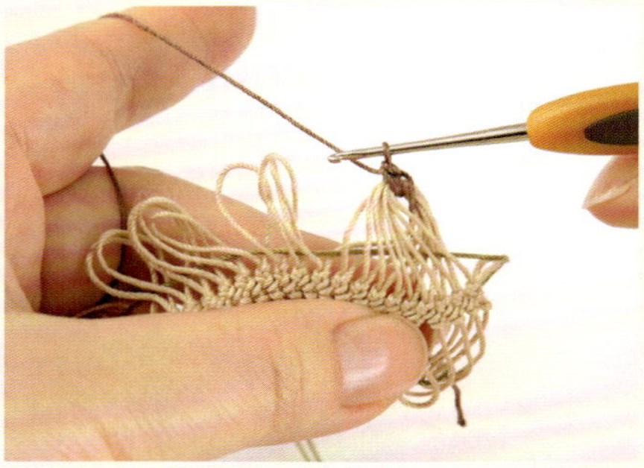

3. 钩1针锁针的立针，再钩短针。

4. 钩5针锁针。然后将钩针插入3个线圈里，挂线拉出钩短针。

5. 钩织5次"3个线圈+5针锁针"。然后将钩针插入15个线圈里钩短针。

6. 一边在间隔处钩5针锁针，一边挑钩"3个线圈 5次、15个线圈 1次"，1个花样完成。

7. 钩至一端时，一边变换织片的方向一边钩8针锁针。在固定线圈的短针里插入钩针，钩短针。

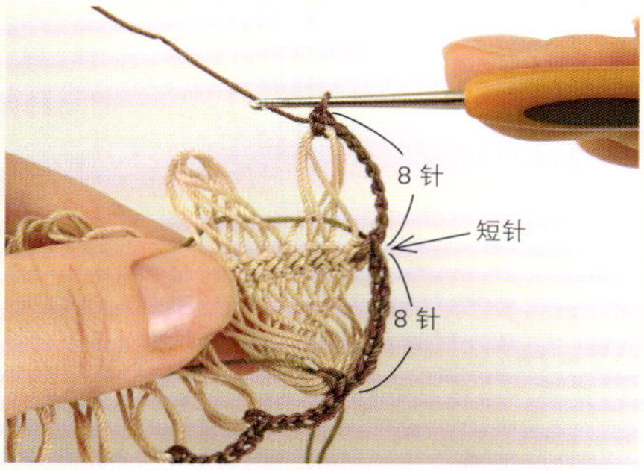

8. 一边钩8针锁针一边将织片的下侧转到上面，参照图解，用同样的方法编织另一半的线圈。

9. 编织2条饰带。在连接饰带的一侧再钩1行边缘编织，钩第2条饰带边缘时与第1条饰带进行连接。

10. 在饰带的连接位置，钩引拔针与第1条饰带连接。

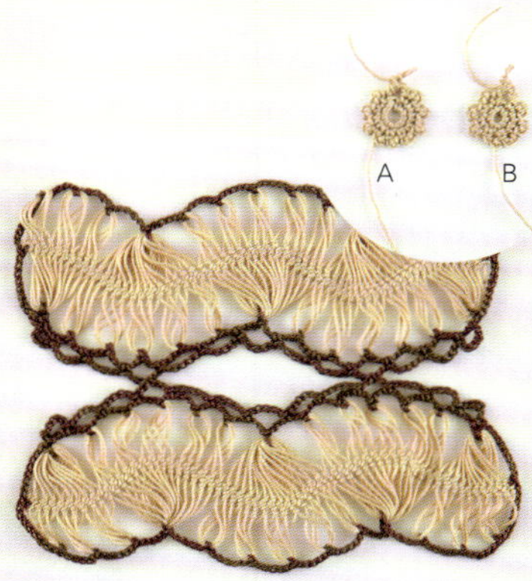

11. 2条饰带连接完成。预先钩织要连接于饰带间的花片A、B的前2圈。

12. 这是花片A。一边钩花片的第3圈一边用短针与饰带边缘连接。

13. 钩2个花片B，连接在2个地方。与花片A的要领相同，用短针与饰带边缘连接。

14. 在连接好的饰带周围钩织边缘编织。在饰带的一端接上边缘编织用线。

15. 边缘编织的第1行要根据饰带的形状，一边调整针目一边钩织，使饰带周围呈笔直状态。

各种实用小技巧

接线…编织中途从 A 线换成 B 线时

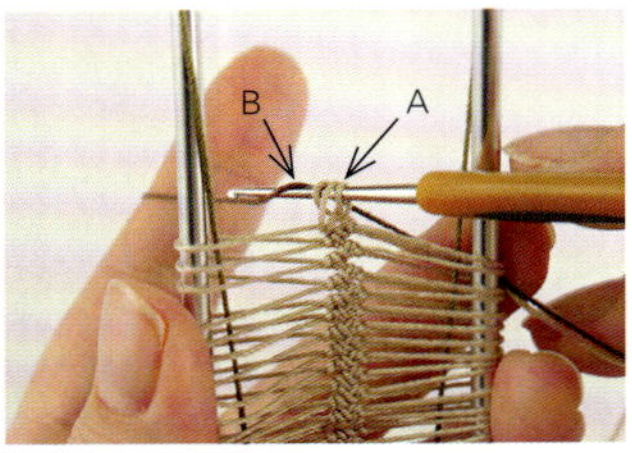

1. 用A线钩未完成的短针，将A线的线头也挂在针上，将B线引拔出。

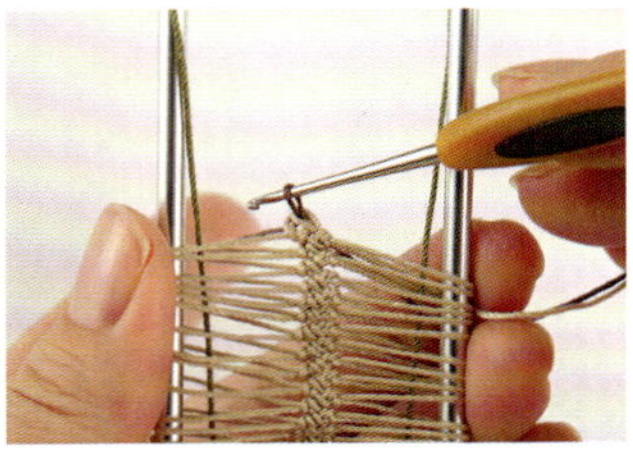

2. 接B线完成。在饰带的反面处理好A线的线头。

定型整理

装饰垫和杯垫等要在挂浆后定型成硬挺状态，而发带和装饰领等在定型后要体现出线材的手感，大家可以根据自己的喜好和作品的要求进行定型整理。按照成品尺寸，用珠针将饰带（花片）固定在熨烫台等上面，喷上衣物定型喷雾胶，然后轻轻整烫。

剪断织片

闲暇的时候，编织长长的织片以备用。一旦想要制作作品时可以剪下需要的线圈数，这不失为一个很讨巧的方法。因为是从编织起点端开始，把所需要的线圈数剪下来使用，如果剪断后发现线圈数不够就难办了，所以最好多剪几圈，然后拆到所需线圈数即可。

1. 上下拉织片，使要剪断的位置呈撑开状态。

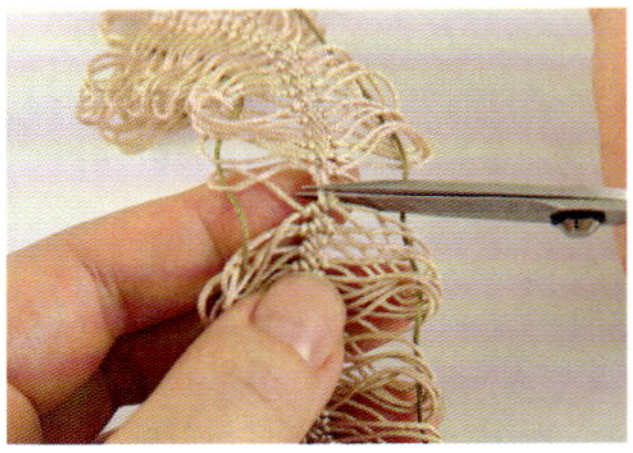

2. 在固定线圈的短针里插入剪刀。

3. 剪断织片后的状态。

4. 将线圈上下分开。清理掉留在织片短针里的碎线头。

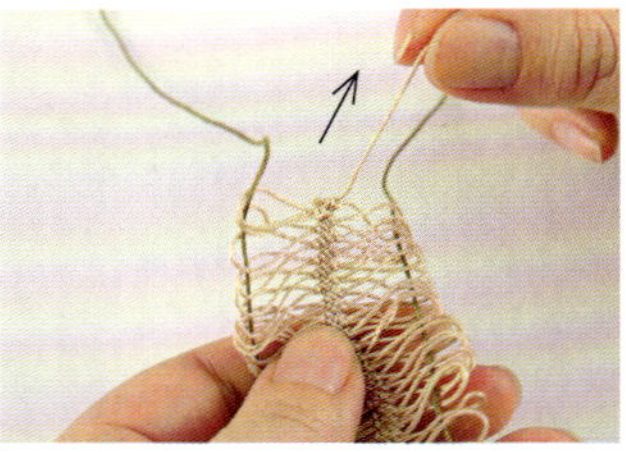

5. 慢慢地拉线头，将剪下来的织片拆至所需线圈数。

6. 得到所需线圈数后，在最后的针目里挂线引拔，锁紧该针目（如果用作花片，直接拉出最后的针目，锁紧该针目）。

处理线头…处理编织终点的线头　※ 如果用作花片，将织片连接成环形后再处理线头。

1. 在织片的反面处理线头。最后的线圈呈松动状态的一面是反面。

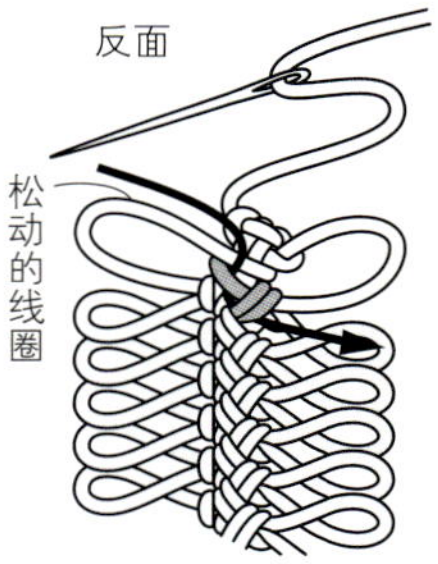

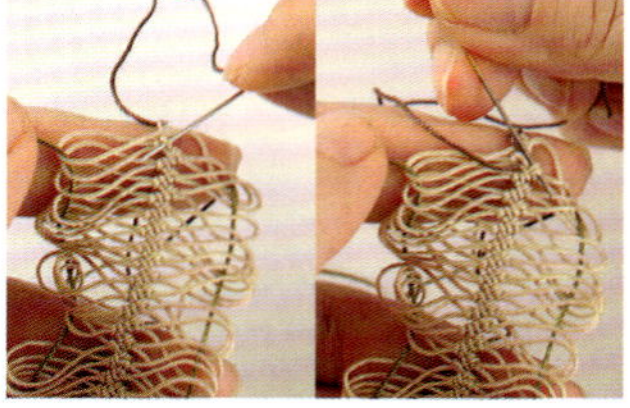

2. 参照图示，用缝针将线头穿过编织针目，将松动的线圈压在下面。

3. 将线头从短针里穿过1~2cm，剪短。

用不同大小的发卡蕾丝编织器编织饰带

〈实物大小〉

分别用 2、3、4、5、6、8cm 宽的发卡蕾丝编织器编织小托特包的饰带。作品中使用的是 4cm 宽的发卡蕾丝编织器。

用窄幅发卡蕾丝编织器编织的饰带，波浪形弯曲度大。最小的 2cm 宽的编织器编织的饰带可以说几乎是 Z 形了。

与此相反，使用的发卡蕾丝编织器越宽，饰带的波浪形弯曲度越小，无法体现饰带的波浪形效果。

因此，即使按相同图解编织的饰带，使用不同宽度的发卡蕾丝编织器，给人的印象也会不同。

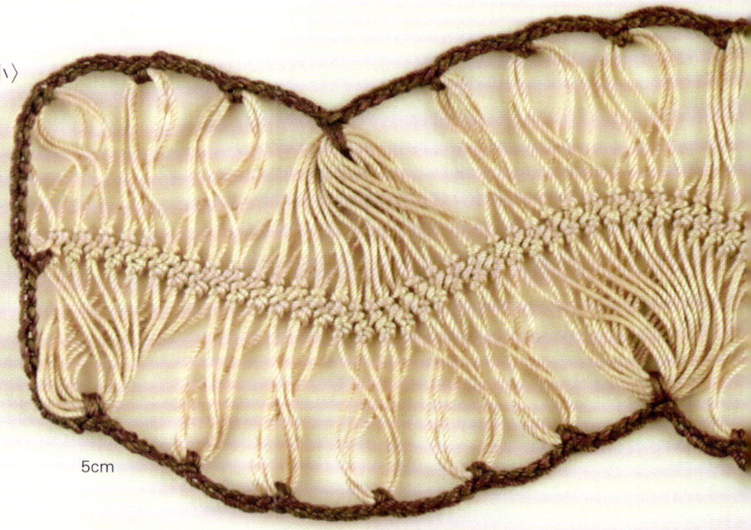

5cm

2cm

3cm

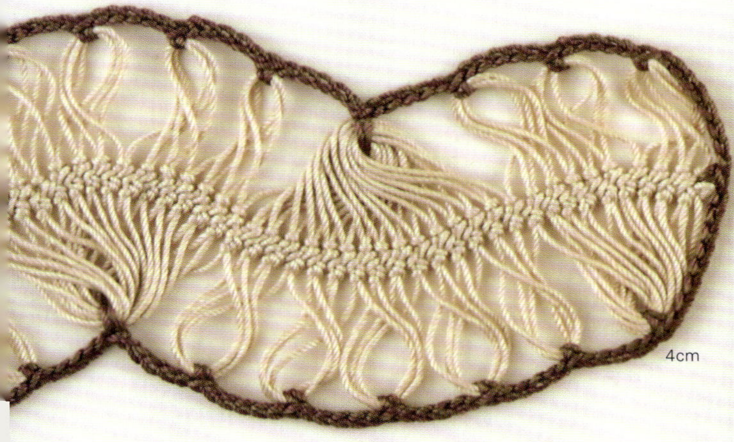

4cm

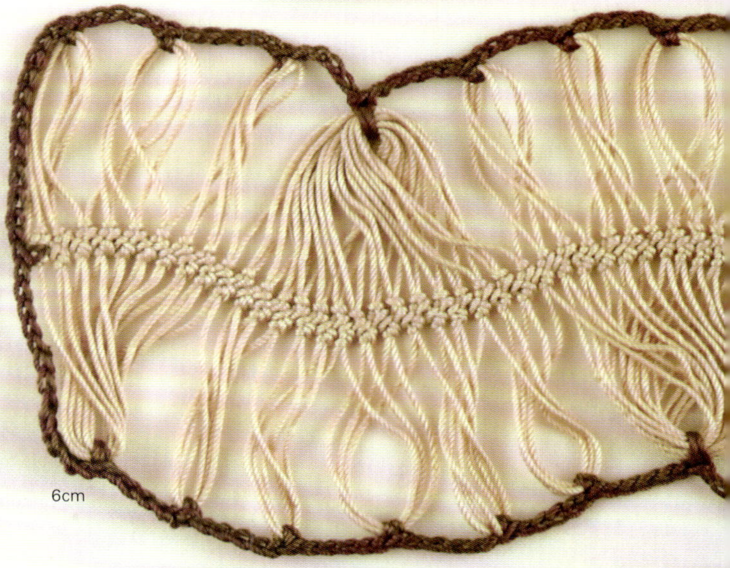

6cm

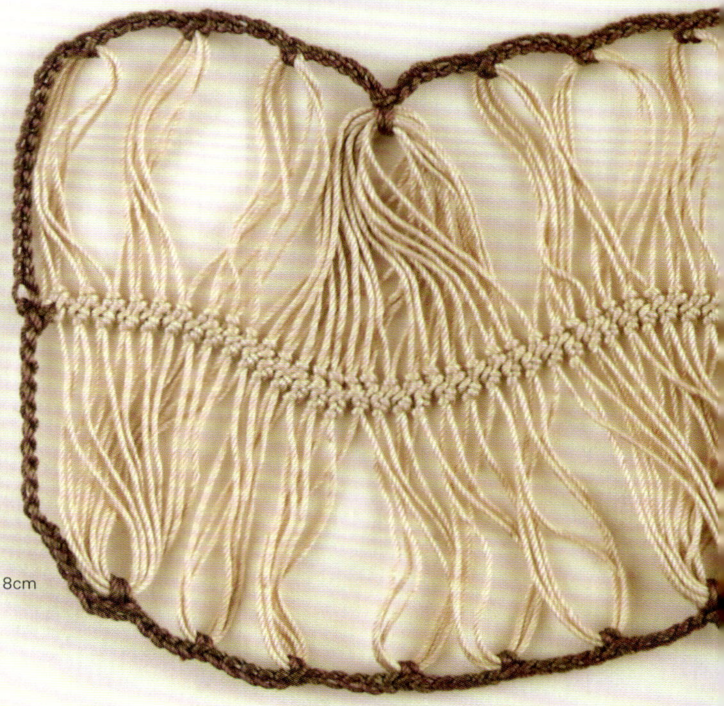

8cm

ribbon

飘带

由每 3 个线圈交叉挑钩的长饰带编织而成的飘带，可以用作领带和发饰等。
编织长长的飘带需要耐心，
所以初学者不妨先编织短饰带，将其缝制成领结上的蝴蝶结。

编织方法…p.68
用线 / Olympus Emmy Grande、Olympus Emmy Grande <Colors>

Lesson
交叉钩织线圈

※编织要点

在准备交叉钩织的6个线圈里插入钩针，将针头的3个线圈从后面3个线圈里成束拉出后进行挑钩。

※ 为了使读者更容易理解，图中使用了与作品不同颜色的线。

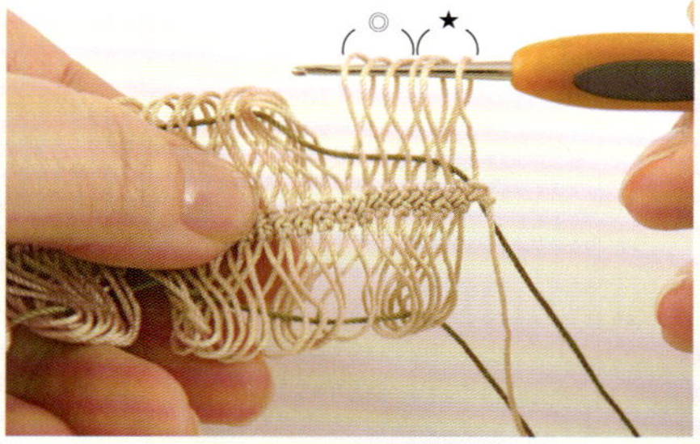

1. 将钩针插入6个线圈里，将◎的线圈从★的线圈里拉出。

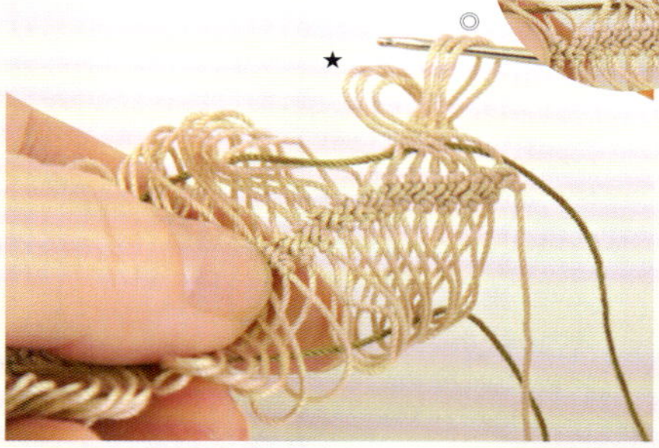

2. 线圈呈交叉状态。在◎的线圈里接线钩短针。

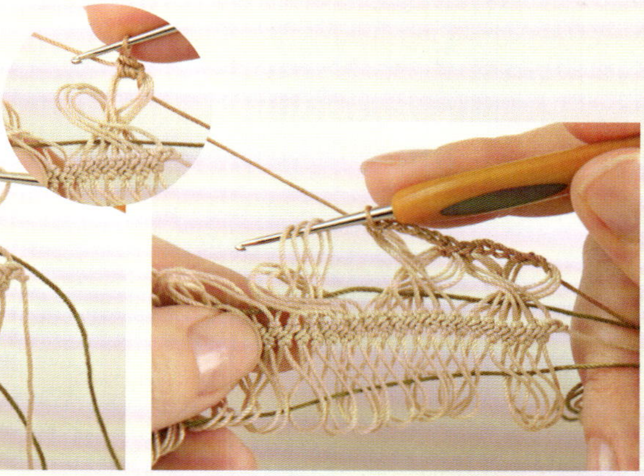

3. 每3个线圈进行交叉，重复钩"1针短针、5针锁针、1针短针"。

4. 钩至一端时，一边变换织片的方向一边钩5针锁针。在固定线圈的短针里插入钩针钩短针。

5. 一边钩5针锁针一边将织片的下侧转到上面，每3个线圈进行交叉。

6. 下侧的1个花样完成。用同样的方法继续钩织。

katyusha+gom

发带

将 2 条织片对齐摆好，每 6 个线圈为一束交叉拉出进行连接。
奢华感十足的发卡蕾丝，也给作品增添了些许厚实感。

编织方法…p.69
用线 / Olympus Emmy Grande

Lesson
线圈与线圈的连接

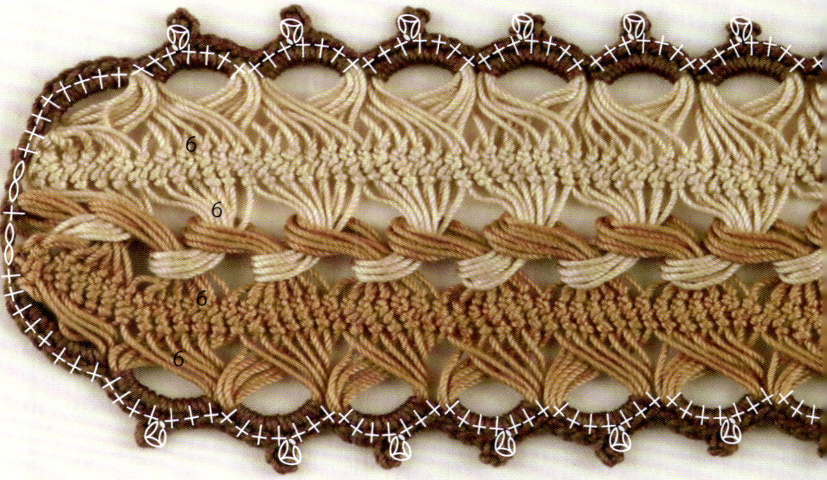

❊编织要点

将 2 条织片对齐摆好，进行线圈与线圈的连接。一边调整钩针的插入方向一边连接，注意不要让线圈扭转。

※ 为了使读者更容易理解，图中使用了与作品不同颜色的线。

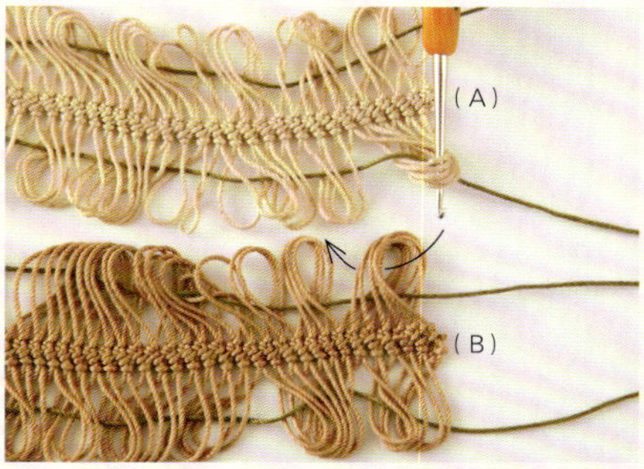

1. 将2条准备连接的织片按相同的编织方向对齐摆好。如图示，在(A)的6个线圈里插入钩针，将(B)的6个线圈拉出。

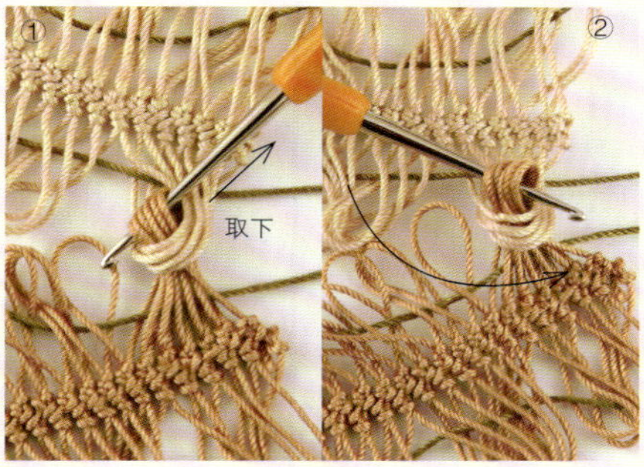

2. ①拉出线圈后暂时将钩针取下。②从刚才取下钩针的线圈的另一侧重新插入钩针，如箭头所示转动钩针。

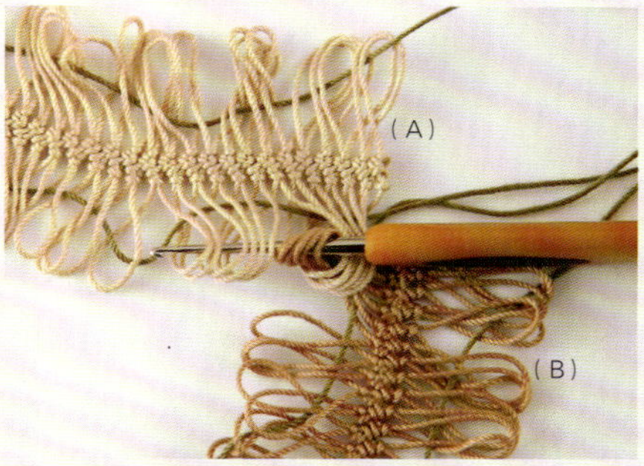

3. 在(A)的线圈里插入钩针后拉出。

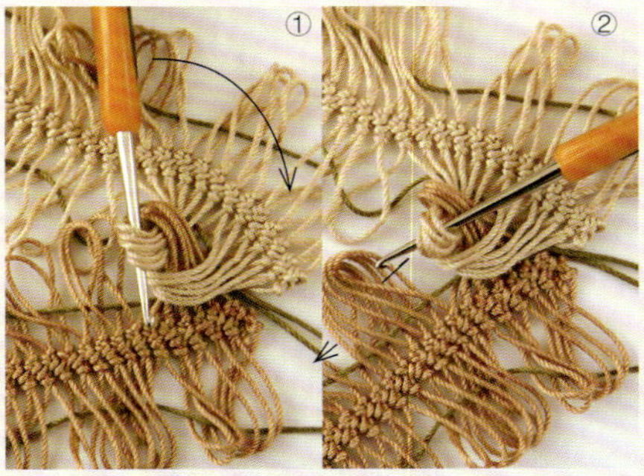

4. ①拉出线圈后暂时将钩针取下。从另一侧重新插入钩针，如箭头所示转动钩针。②在(B)的线圈里插入钩针后拉出。

5. 重复步骤2～4，连接至织片的末端。从最后的线圈上取下钩针，休针备用。

6. 在(B)的短针里接线开始钩织。步骤5中休针备用的最后的线圈也在边缘编织时进行挑钩。

belt

腰带

充满 19 世纪 60 年代时装特色的怀旧风腰带。
在线圈束之间的根部钩上 3 卷长针，编织成方形饰带。
再穿入虾辫作绳带，整条腰带都是纯手工哦！

编织方法…p.69
用线 / Olympus Emmy Grande <Herbs>

Lesson
在织片的
短针里钩织

✳编织要点

将织片挑钩编织成饰带时，也可以在固定织片中间线圈的短针里钩织。这款作品中是将织片短针的针目分隔开进行钩织的，但是也有挑取整个短针钩织的情况。

※为了使读者更容易理解，图中使用了与作品不同颜色的线。

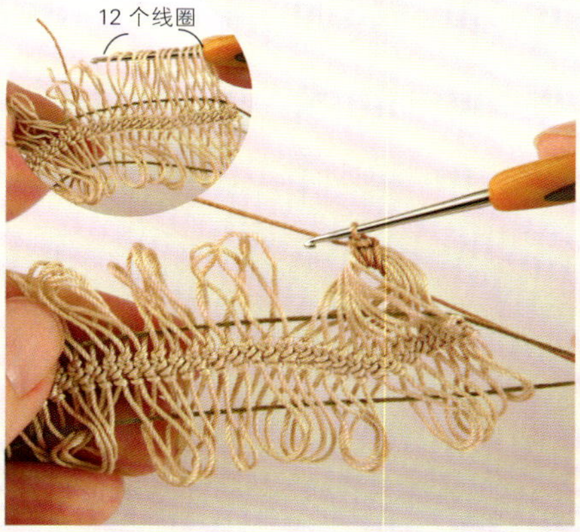

1. 将钩针插入织片一端的12个线圈里，接线钩短针。

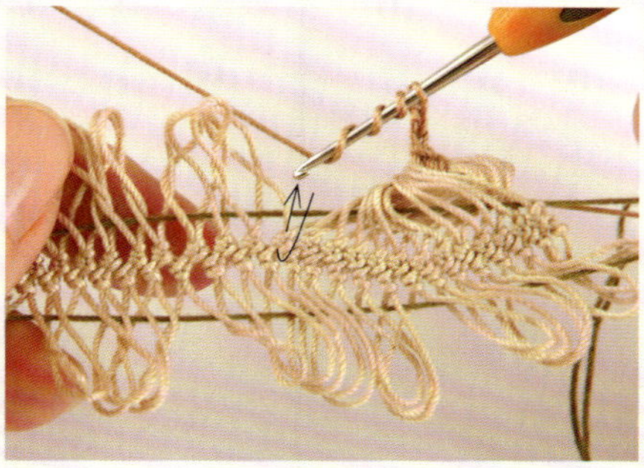

2. 钩4针锁针后，在针上绕3次线，如箭头所示，在织片的短针里插入钩针。

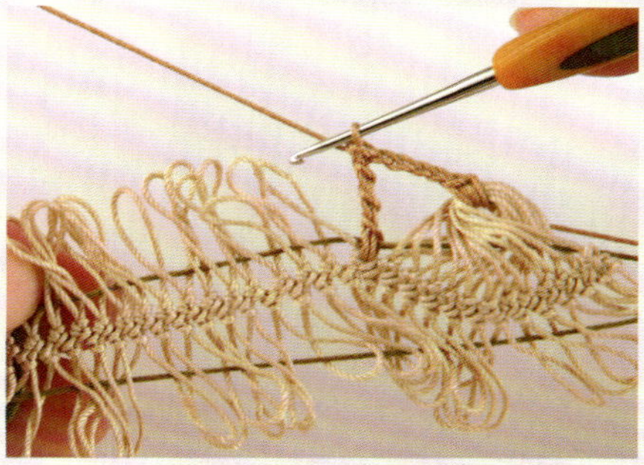

3. 在织片的短针里钩3卷长针。重复"（在线圈里钩）1针短针、4针锁针、（在织片的短针里钩）1针3卷长针、4针锁针"。

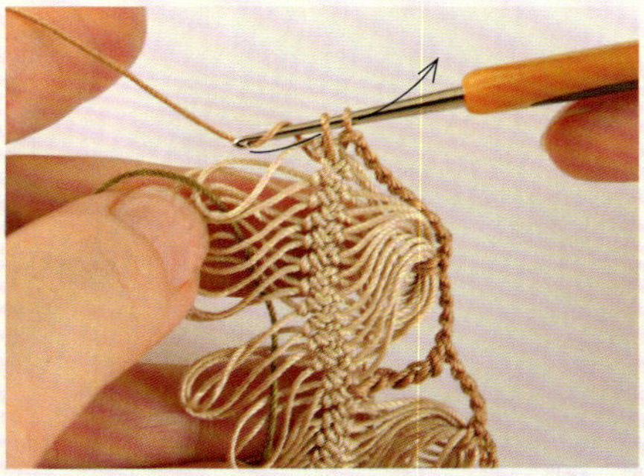

4. 钩至另一端时，一边变换织片的方向一边钩10针锁针。在固定线圈的短针里插入钩针钩短针。

5. 一边钩10针锁针一边将织片的下侧转到上面，在6个线圈里插入钩针钩短针。

6. 钩4针锁针后，在织片的短针里钩3卷长针。饰带的上下花样呈交错排列。

accessory

装饰链与耳环

一说起发卡蕾丝，一般都让人想起饰带。
但是，如果以线圈束为内芯钩短针，完成的花片会非常有趣。
一个花片可以制作成耳环，连接多个花片则可以制作成装饰链，
还可以系在腰间当腰带。

编织方法…p.70
用线 / Olympus Emmy Grande

Lesson
由饰带演变的小花片

❋编织要点

用8个线圈的织片编织而成的花片。以等分成4份的线圈为内芯，用短针钩上边缘，就完成了4片花瓣的小花片。

※为了使读者更容易理解，图中使用了与作品不同颜色的线。

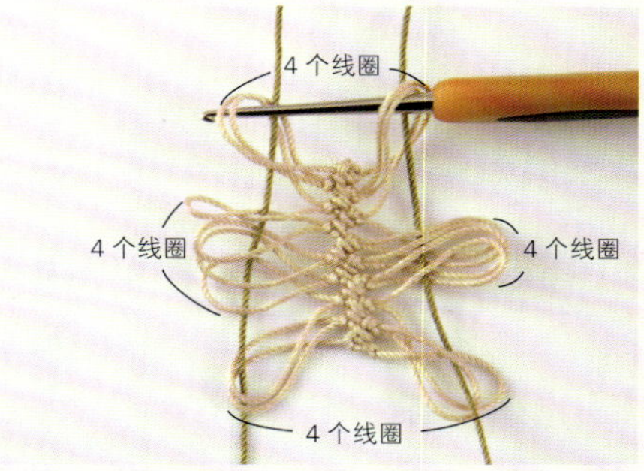

1. 将8个线圈的织片等分成4份，在一端的左右2个线圈(4个线圈)里插入钩针。

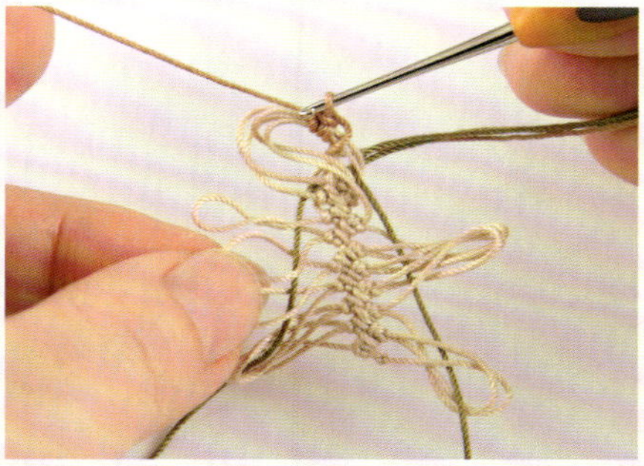

2. 接线，钩8针短针。

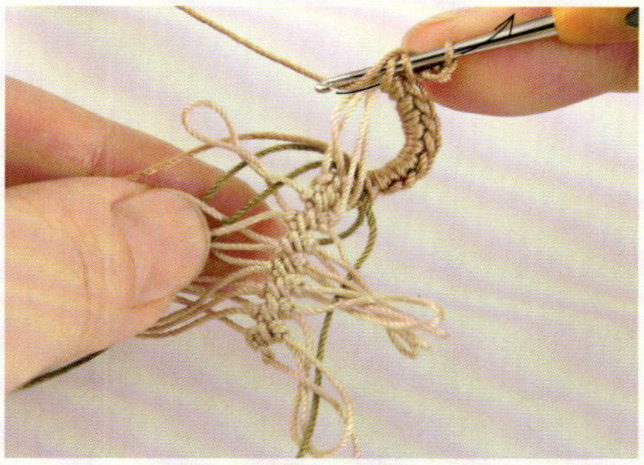

3. 钩3针锁针的狗牙拉针。

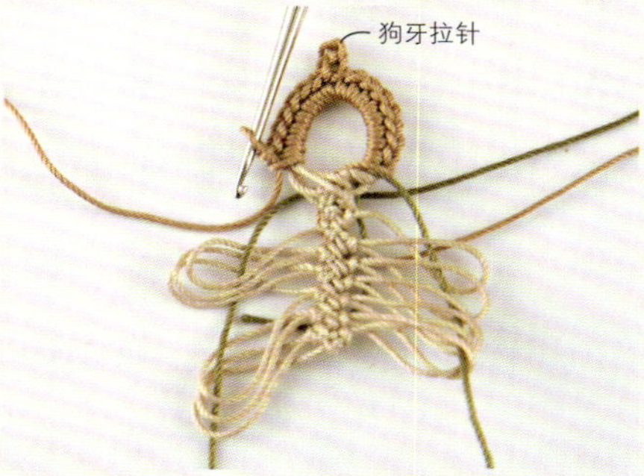

4. 继续钩7针短针。以4个线圈为内芯钩短针边缘完成。在接下来的4个线圈里插入钩针。

5. 一边转动织片，一边在每4个线圈里插入钩针钩15针短针。

6. 从第2个花片开始，狗牙针的第2针改成引拔针，与前一个花片的狗牙针连接。

edging

饰边（直线形）

线圈的挑钩方法和边缘编织的组合方法不同，可以制作出各种饰边。
a 每 3 个线圈进行交叉。下侧小小的 Z 字形边缘非常可爱。
b 每 2 个线圈为一束用钩针引拔，然后钩网眼针修饰调整。
下侧在线圈两边钩锁针，形成独特的边缘。
c 下侧在每个线圈里钩引拔针，上侧每 3 个线圈进行交叉，在每个线圈里钩短针。

编织方法…p.72
用线 / Olympus Emmy Grande

在平常使用的小物上，随意搭配一条蕾丝，
一起享受这份优雅和恬淡吧。

用蕾丝装饰可爱的点心盒等。
在盒子里放入手作的小礼物，也会是
一份惊喜吧！

braid

饰带（波浪形）

挑钩的线圈数和边缘编织方法不同，可以制作出各种各样的曲线。
a 重复“3个线圈 8次、8个线圈 3次”，大大的波浪形非常华丽。
b 每10个线圈为一束进行挑钩，顶部钩2个狗牙针，完成的饰带非常可爱。
c 小托特包（p.7）中的饰带的变化应用。
“2个线圈 5次、10个线圈 1次”进行挑钩，完成的饰带呈波浪形，给人优雅的感觉。

编织方法…p.73
用线 / Olympus Emmy Grande

独特的、宽宽的饰带，
与喜欢的织物等搭配使用，
一起打造室内装饰的亮点吧。

❋环形编织花片

发卡蕾丝的另一个基础是“花片”。
连接饰带的编织起点和编织终点，制作成圆形。
中心的整理方法和边缘编织方法不同，花片也千变万化。

步骤 1

在织片的一侧线圈里穿入线后拉紧，作为花片的中心。

步骤 2

连接织片的编织起点和编织终点后，用钩针挑钩编织外围的线圈。

步骤 3

发卡蕾丝的花片完成。

doily

连接花片的装饰垫

连接 4 个花片，用深蓝色的线在周围做边缘编织。
通过不同的连接位置和边缘编织方法，圆形花片也可以制作成各种形状的装饰垫。
根据房间的氛围进行颜色的选择吧。

编织方法…p.74
用线 / DMC BABYLO 10号

Lesson
连接花片的装饰垫

编织要点

1 编织 60 个线圈的织片。
2 在织片一侧的线圈中穿入线后拉紧打结，将织片的编织起点和编织终点连接成圆形。
3 参照编织图，一边挑钩外围的线圈一边编织花片。
4 从第 2 个花片开始，一边与前一个花片连接一边继续编织。
5 在连接好的花片周围做边缘编织。

※ 为了使读者更容易理解，图中使用了与作品不同颜色的线。

1. 编织60个线圈+1个线圈，解开编织起点的结扣，制作成60个线圈的织片。如图所示，在织片的编织终点将最后的针目拉出，锁紧该针目。

2. 预先在缝针里穿入织片所用线。用缝针在织片一侧的线圈里穿入2次线。

3. 将穿入织片里的线慢慢拉紧，注意不要弄乱线圈。

4. 将拉紧后的线头打个死结。花片中心完成。

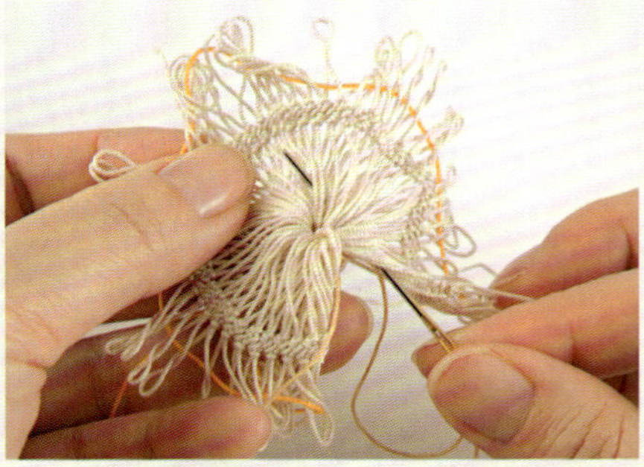

5. 收紧花片中心的线头，用缝针藏在线圈里。

●用缝针连接织片的编织起点和编织终点

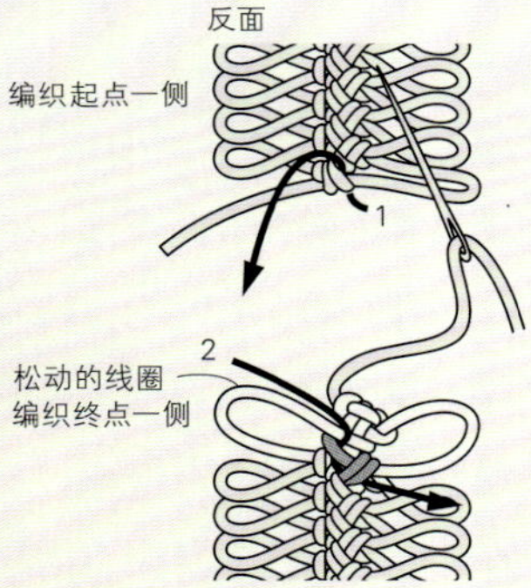

用编织终点的线，如箭头1所示，从正面入针，从反面出针。按照箭头2的顺序入针连接。

6. 如p.32右下图中箭头1所示入针，从反面出针将线拉出。如箭头2所示入针，固定最后松动的线圈。

7. 如箭头2所示穿针完成。将线头穿入织片的短针里1cm左右后剪断。织片连接成环状。

8. 在花片外围的3个线圈里插入钩针，接线。

9. 3个线圈为一束，钩短针。

10. 重复“1针短针、5针锁针”，每3个线圈为一束进行挑钩。

11. 最后在编织起点的短针里钩引拔针。花片完成。

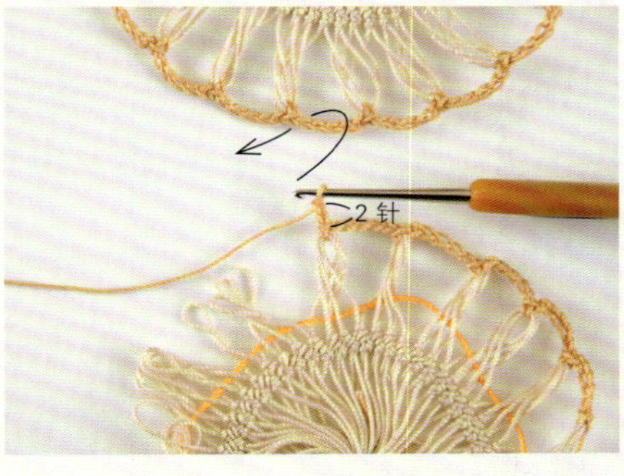

12. 从第2个花片开始，一边与前一个花片连接一边继续编织。在连接位置，如箭头所示插入钩针。

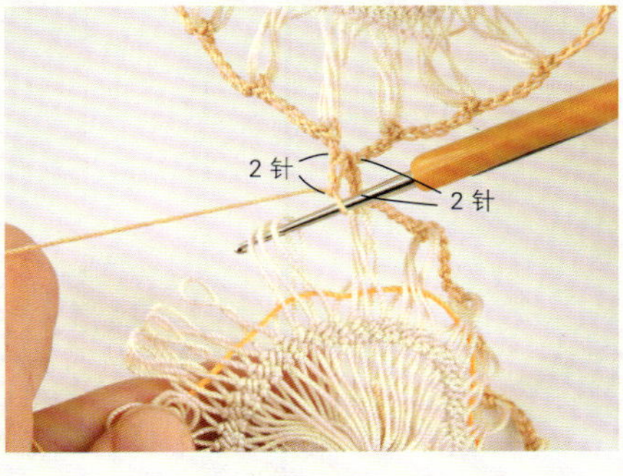

13. 将5针锁针的第3针改为引拔针进行连接。

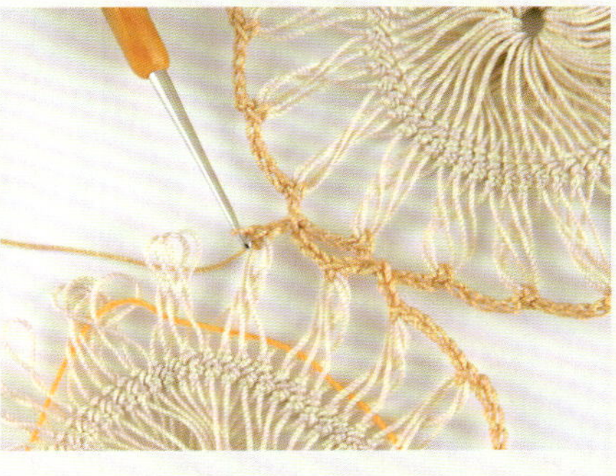

14. 两处连接完成。继续编织未完成的花片。

用不同大小的发卡蕾丝编织器编织花片

分别用 2、3、4、5、6、8cm 宽的发卡蕾丝编织器编织 “连接花片的装饰垫” 中的花片。
该作品中使用的是 4cm 宽的发卡蕾丝编织器。
编织花片时，用不同宽度的发卡蕾丝编织器制作的织片，是不能按同一个编织图解进行编织的。
因为发卡蕾丝编织器的宽度不同，意味着各自线圈的长度会不一样，挑钩成圆形时，外围的尺寸也会不一样。
假设，将 4cm 宽的发卡蕾丝编织器制作的 60 个线圈 “1 针短针、5 针锁针” 的织片，用不同宽度的发卡蕾丝编织，想一想结果会怎么样？
使用窄幅的发卡蕾丝编织器的结果是线圈太多，花片呈褶皱状。
使用宽幅的发卡蕾丝编织器的结果是线圈不够，花片呈喇叭状。
要想制作漂亮的圆形花片，适合发卡蕾丝编织器宽度的线圈数以及线圈的挑钩方法就变得非常重要。

〈实物大小〉

8cm

●如何决定圆形花片的线圈数

下面是以 4cm 宽的发卡蕾丝编织器、2 号蕾丝钩针编织的织片为基础进行的推算。
用线／ DMC BABYLO 10 号
密度／ 10cm×10cm 的面积内 36 个线圈
计算固定线圈的短针针数（线圈数）。

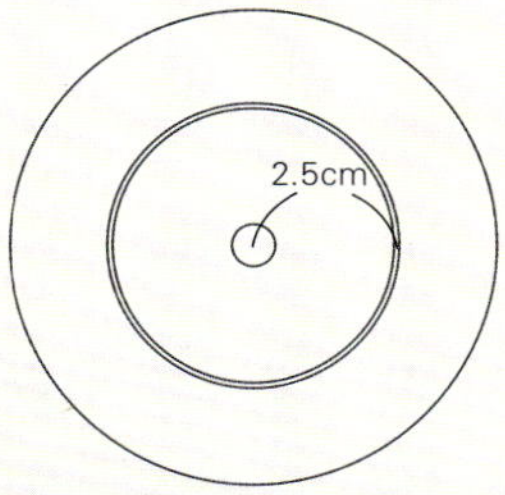

直径 5cm（从花片中心到织片中间的长度 ×2）×3.14（圆周率）≈ 16cm（圆周长）
16cm（圆周长）×3.6 个线圈（平均 1cm 的线圈数）= 57.6 个线圈≈ 60 个线圈（※）
※ 因为花片外围每 3 个线圈为一束进行挑钩，所以将线圈数调整为 3 的倍数。

●以 4cm 宽的发卡蕾丝编织器编织的密度为基础

2cm 宽／ 30 个线圈・间隔 7 针锁针
3cm 宽／ 45 个线圈・间隔 7 针锁针
4cm 宽／ 60 个线圈・间隔 6 针锁针
5cm 宽／ 75 个线圈・间隔 6 针锁针
6cm 宽／ 90 个线圈・间隔 5 针锁针
8cm 宽／ 120 个线圈・间隔 5 针锁针

mat

多用途蕾丝垫

将 p.31 的花片的中心部分每 6 个线圈为一束挑钩短针，进行变化的花片。
不断连接花片，还可以制作成台心布和床罩等大件作品。

编织方法…p.75
用线 / DMC CEBELIA 10号

Lesson
挑钩花片的中心

※编织要点

挑钩花片的中心部分后，花片尺寸会变大，就需要更多的线圈数。
直径 6cm（从花片中心到织片中间的长度 ×2）× 3.14（圆周率）≈ 19cm（圆周长）
19cm（圆周长）×3.6 个线圈（平均 1cm 的线圈数）= 68.4 个线圈≈ 72 个线圈
※ 因为花片的中心每 6 个线圈为一束进行挑钩，所以将线圈数调整为 6 的倍数。

※ 为了使读者更容易理解，图中使用了与作品不同颜色的线。

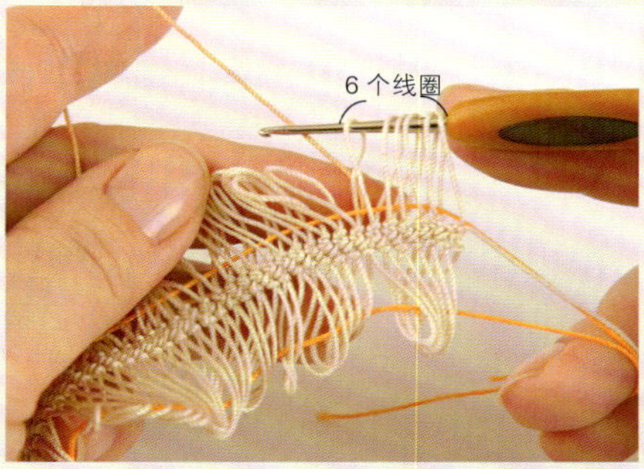

1. 编织 72 个线圈的织片。在一端的 6 个线圈里插入钩针，接线。

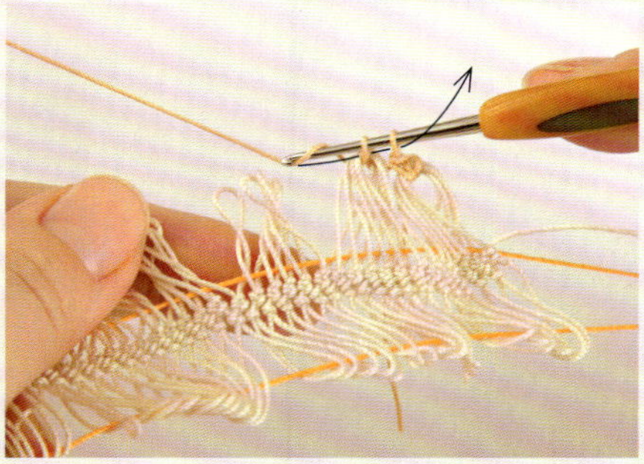

2. 每 6 个线圈为一束插入钩针钩短针。

3. 织片的一侧在挑钩短针后呈圆形。

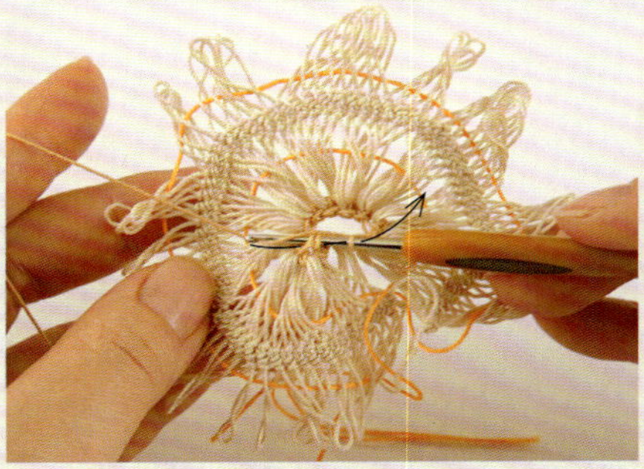

4. 在编织起点的短针里引拔连接。

5. 用编织终点的线，将织片连接成圆形（参照 p.32）。

6. 花片的外围每 3 个线圈为一束，重复“1 针短针、5 针锁针”进行挑钩。

coaster

杯垫

使下午茶时间更加愉悦的彩色杯垫。
橘黄色杯垫的中心部分每 8 个线圈为一束进行挑钩，外围每个线圈扭转 1 次后进行挑钩。
绿色段染线杯垫在中心部分穿入线后收紧，外围挑钩每个线圈做边缘编织。

编织方法…p.76
用线 / DMC BABYLO 10 号

Lesson
扭转钩织线圈

☀编织要点

将花片外围的每个线圈扭转后进行挑钩。

※ 为了使读者更容易理解，图中使用了与作品不同颜色的线。

1. 编织64个线圈的织片，花片的中心部分每8个线圈为一束挑钩成圆形。

2. 在外围的1个线圈里插入钩针，如箭头所示转动针头。

3. 线圈呈扭转状态。

4. 接线，钩1针短针。

5. 钩1针锁针，再在1个线圈里插入钩针，转动针头扭转线圈。

6. 一边扭转每个线圈一边重复钩"1针短针、1针锁针"。

jugcover

水杯盖布

水杯盖布 a 使用了双重发卡蕾丝，再加入黄色的串珠，让人隐约感受到一股怀旧风的气息。
水杯盖布 b 在中心钩入了花片，搭配白色钩玉串珠和橘黄色串珠，更显明亮华丽。

编织方法…p.80
用线 / DMC BABYLO 10 号

Lesson
在中心连接花片

编织要点

一边钩织花片的最后一圈，一边与织片连接。此时，因为手拿织片靠近自己一边进行连接，所以花片只有最后一圈的编织方向是相反的。

※ 为了使读者更容易理解，图中使用了与作品不同颜色的线。

1. 花片的前4圈完成后，钩1针锁针作为第5圈的立针，再钩1针短针、1针锁针后的形状。
※ 在实际操作时，用与花片一样的线继续钩织。

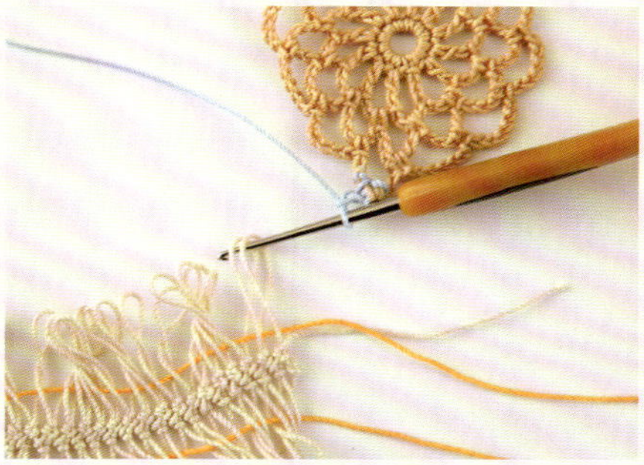

2. 接下来，连接120个线圈的织片与花片。

3. 手拿织片靠近自己一边，将花片上下翻转，在2个线圈里插入钩针，挂线引拔出。

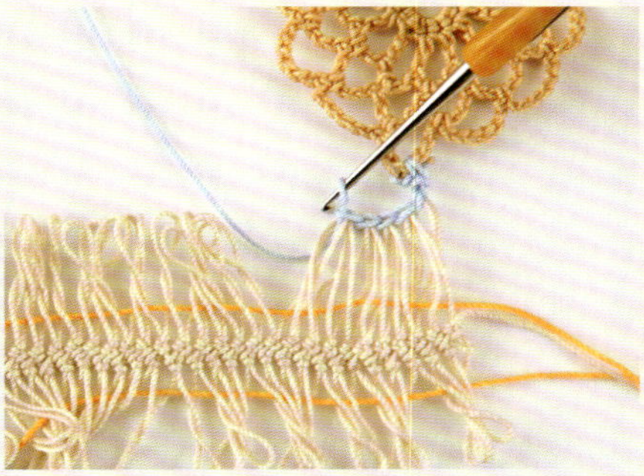

4. 每2个线圈为一束插入钩针，钩完5次引拔针的状态。

5. 钩1针锁针，如图所示，在花片里插入钩针，钩1针短针。

6. 重复"(在花片里钩)1针短针、1针锁针，(织片的每2个线圈为一束挑钩)5针引拔针、1针锁针"进行连接。

tippet

连接花片的装饰领

连接雪花般纤细的花片，在领子两端缝上罗纹绳。
搭配喜欢的衣服，享受别样的心情吧！

编织方法…p.78
用线 / DMC BABYLO 10号

Lesson
交叉挑钩线圈的花片

✳编织要点

花片的外围将每 2 个线圈交叉后进行挑钩。

※ 为了使读者更容易理解，图中使用了与作品不同颜色的线。

1. 编织64个线圈的织片。花片中心每8个线圈为一束挑钩短针，连接织片的编织起点和编织终点。

2. 在花片外围的4个线圈里插入钩针，将◎的线圈从★的线圈里拉出。

3. 线圈呈交叉状态。在◎的线圈里接线，钩2针短针。

4. 钩5针锁针、在★的线圈里钩2针短针。1个花样完成。

5. 第2个花样也同样在4个线圈里插入钩针，将线圈交叉后钩2针短针。

6. 每2个线圈进行交叉，重复钩"2针短针、5针锁针、2针短针"。

doily

四边形、六边形、心形、椭圆形的装饰垫

只有圆形可不行！以下是各种形状的花片应用。
调整中心线圈的挑钩数与边缘编织，可以制作出各种形状的花片。
还可以作为一个装饰图案用于嵌花哦。

编织方法…p.77
用线 / DMC CEBELIA 10号

Lesson
椭圆形花片

编织要点

中心的挑钩方法与边缘编织的方法不同，可以编织各种形状的花片。椭圆形中心的弧形部分通过挑钩多个线圈完成，直线部分一边连接一边将中心钩织成网眼状。

※ 为了使读者更容易理解，图中使用了与作品不同颜色的线。

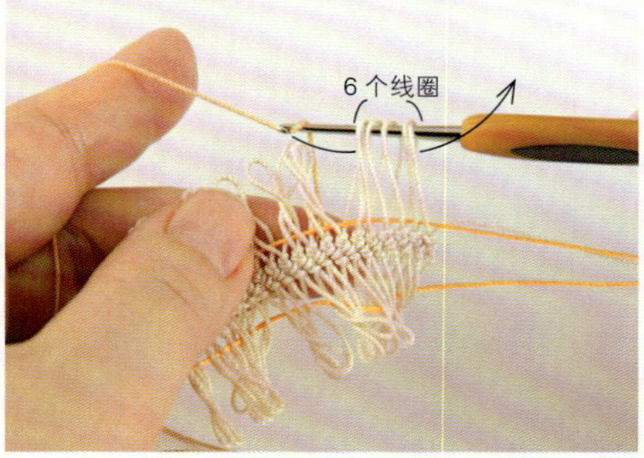

1. 编织96个线圈的织片。在织片一端的6个线圈里插入钩针，接线。

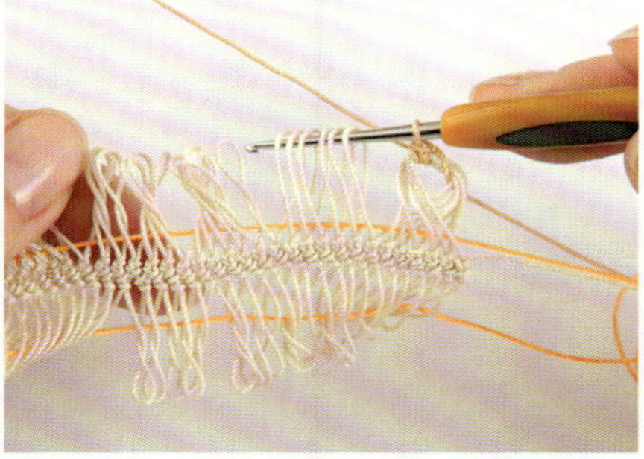

2. 每6个线圈为一束挑钩短针。

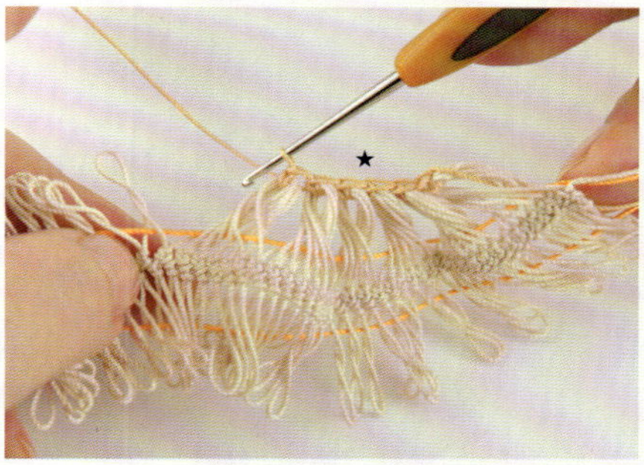

3. 重复6次“每6个线圈为一束挑钩1针短针”。椭圆形的弧形部分(★)完成。

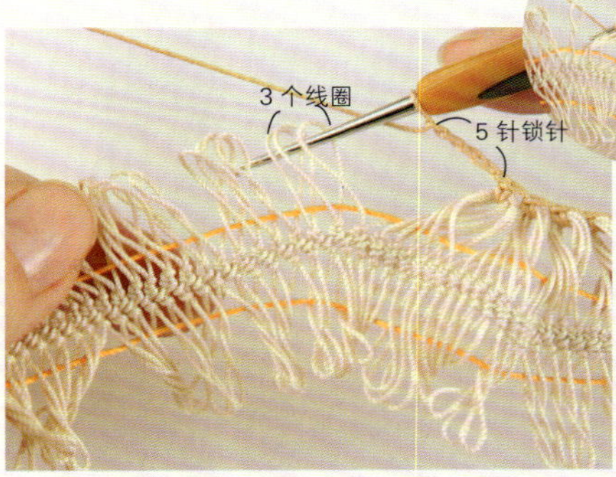

4. 钩5针锁针，每3个线圈为一束插入钩针钩短针。重复钩“1针短针、5针锁针”。

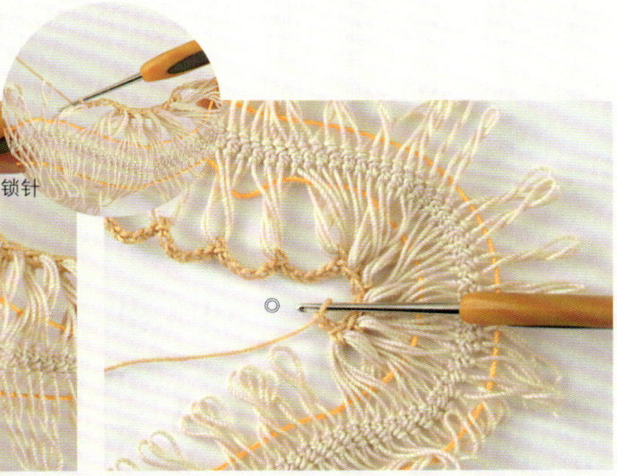

5. 与步骤3一样，钩织另一端的弧形部分(◎)。

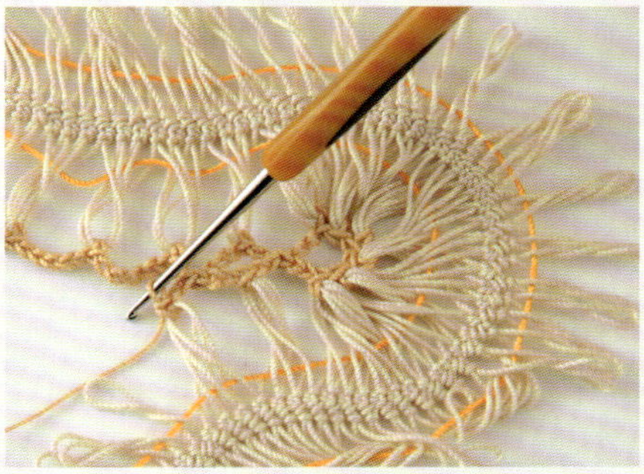

6. 每3个线圈为一束继续挑钩，但是中间锁针的第3针改成引拔针，在对面的网眼针上引拔连接。

❋可爱的发卡蕾丝小物

掌握了基础后，发卡蕾丝就变得非常简单而且有趣！
当你跃跃欲试“想要编织更多”的时候，
就试试挑战这些灵活应用饰带和花片的小物吧！

tippet

应用饰带的装饰领

连接2条饰带编织而成的装饰领，给人典雅精致的感觉。
细密地挑钩领子外侧的每个线圈，使其形成褶边。

编织方法…p.71
用线／ Olympus Emmy Grande <Herbs>

bag

小包

将饰带挑钩成 U 形的小号包，在外侧再加钩一圈饰带即成为中号包。
圆鼓鼓的形状可爱极了。
小号包可以用作小收纳袋，把在大包里不容易找到的钥匙和卡片放进去。

编织方法…p.82
用线 / DMC BABYLO 10 号

hair accessory

发圈

满满的花瓣层层叠在一起的发圈，是将橡皮筋夹在对折的饰带里进行编织的。
米色和棕色发圈分别是用 6cm、4cm 宽的发卡蕾丝编织器编织而成的。

编织方法…p.59
用线 / Olympus Emmy Grande <Bijou>

shawl

应用饰带与花片的迷你披肩

与任何颜色的服装搭配都很和谐的自然色披肩。
在网眼针披肩的接领侧加上一条 4cm 宽的饰带。
垂在下摆的小花花片则是使用 2cm 宽的发卡蕾丝编织器编织的。

编织方法…p.50
用线 / Olympus Emmy Grande

shawl

应用饰带与花片的迷你披肩

p.49

［材料］线…Olympus Emmy Grande 米色（731）80g
［工具］发卡蕾丝编织器 4cm 宽、2cm 宽　针…蕾丝钩针 2 号
［成品尺寸］参照图解
［编织要点］饰带（4cm 宽）276 个线圈、花片（2cm 宽）28 个线圈 25 片

在线圈中穿入线后收紧作为花片的中心，将织片的编织起点和编织终点连接成环。外围每 4 个线圈为一束进行挑钩，钩织边缘编织。

参照图解，在织片的下侧每 3 个线圈交叉后进行挑钩，上侧每 6 个线圈为一束进行挑钩，编织饰带。接下来按披肩的编织花样进行编织。在饰带的下侧接线，钩 1 行边缘编织 A、B，接着钩边缘编织 A 的第 2 行，在指定位置与花片的狗牙针引拔连接。

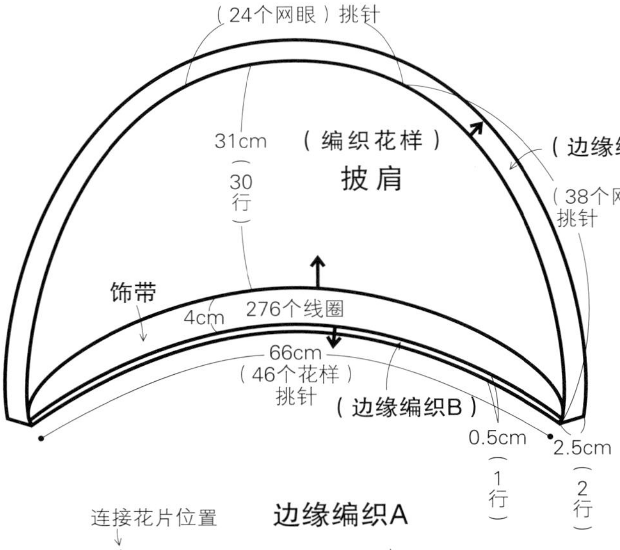

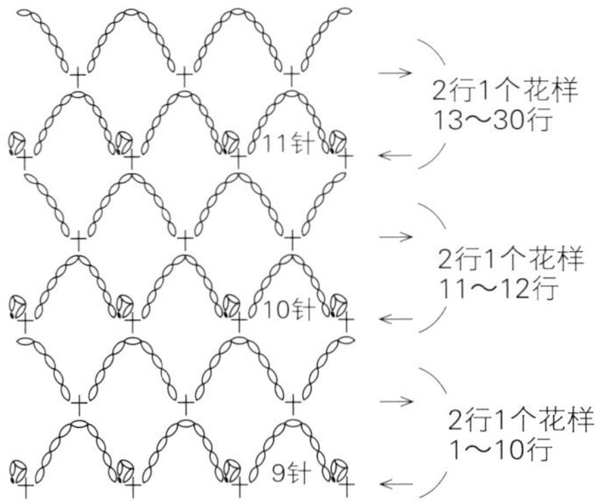

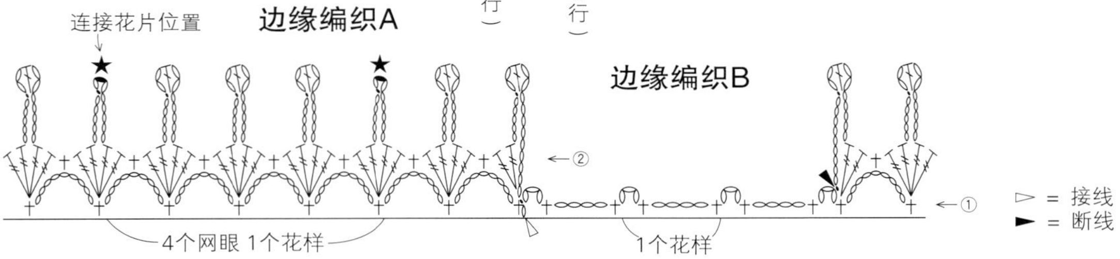

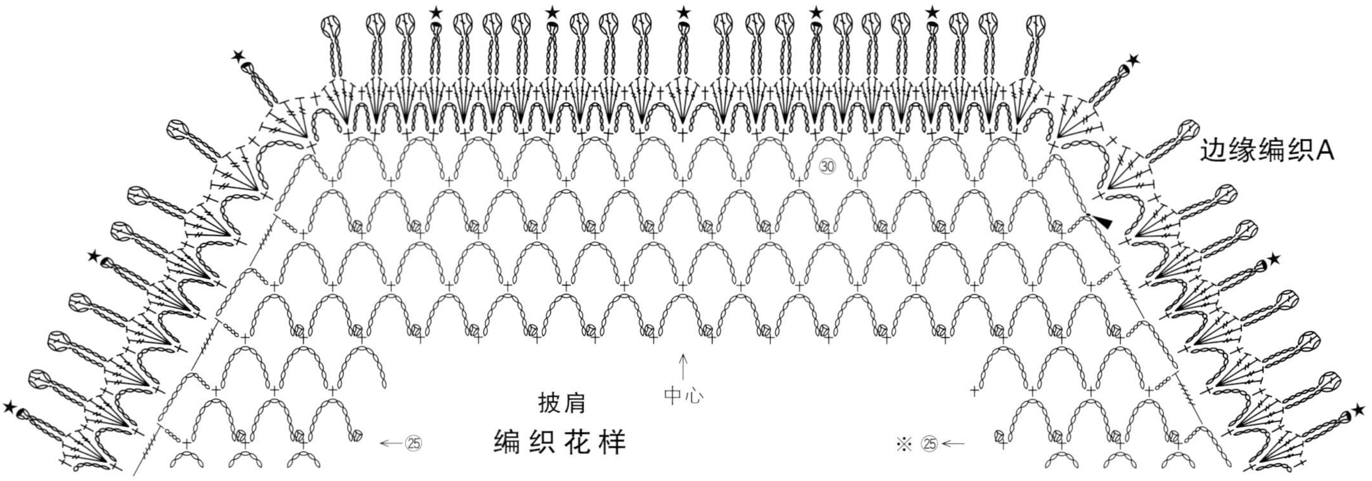

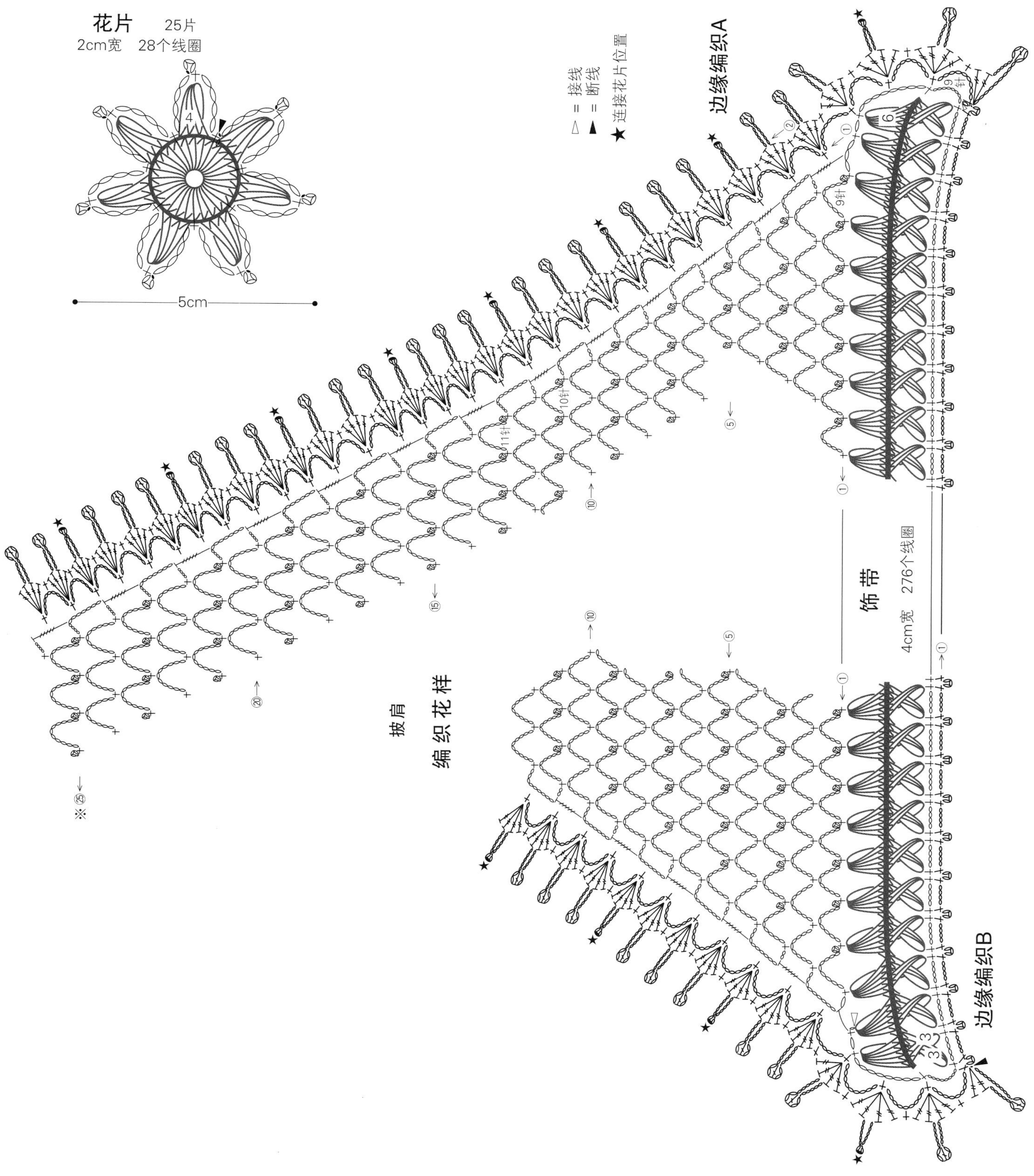

花片 25片
2cm宽 28个线圈
5cm
▷ = 接线
▶ = 断线
★ 连接花片位置
边缘编织A
饰带
4cm宽 276个线圈
披肩
编织花样
边缘编织B
9针
10针
11针

pouch

束口袋

底部是在中心连接钩针小花片的发卡蕾丝花片，
在上面连接 3 条波浪形饰带，
编织成可爱的圆筒形束口袋。

编织方法…p.54
用线 / Olympus Emmy Grande

tissue case & mini pouch

纸巾盒与迷你束口袋

颜色明快鲜艳，可以简单编织完成的小物。
纸巾盒是编织 4 条短饰带连接而成的。
迷你束口袋的底部编织要领与 p.52 的束口袋相同。

编织方法…p.55
用线 / DMC BABYLO 10 号

pouch

束口袋 p.52

［**材料**］线…Olympus Emmy Grande 苔绿色（288）、浅杏色（810）各 30g

［**工具**］发卡蕾丝编织器 4cm 宽 针…蕾丝钩针 2 号

［**成品尺寸**］宽 22cm、深 20cm

［**编织要点**］饰带Ⓐ120 个线圈、Ⓑ168 个线圈、Ⓒ168 个线圈，花片 72 个线圈

从底部花片的中心开始编织。在钩织小花片的第 2 行时，一边挑钩线圈一边连接，将织片的编织起点和编织终点连接成环。花片外围每 3 个线圈为一束进行挑钩，钩第 2 行时，换成手拿饰带Ⓐ靠近自己一边，一边连接一边编织。饰带Ⓑ、Ⓒ也参照图解与饰带Ⓐ一样进行连接。在袋口钩织网眼针。钩织罗纹绳（参照 p.59）作绳子，在穿绳位置将罗纹绳穿好。

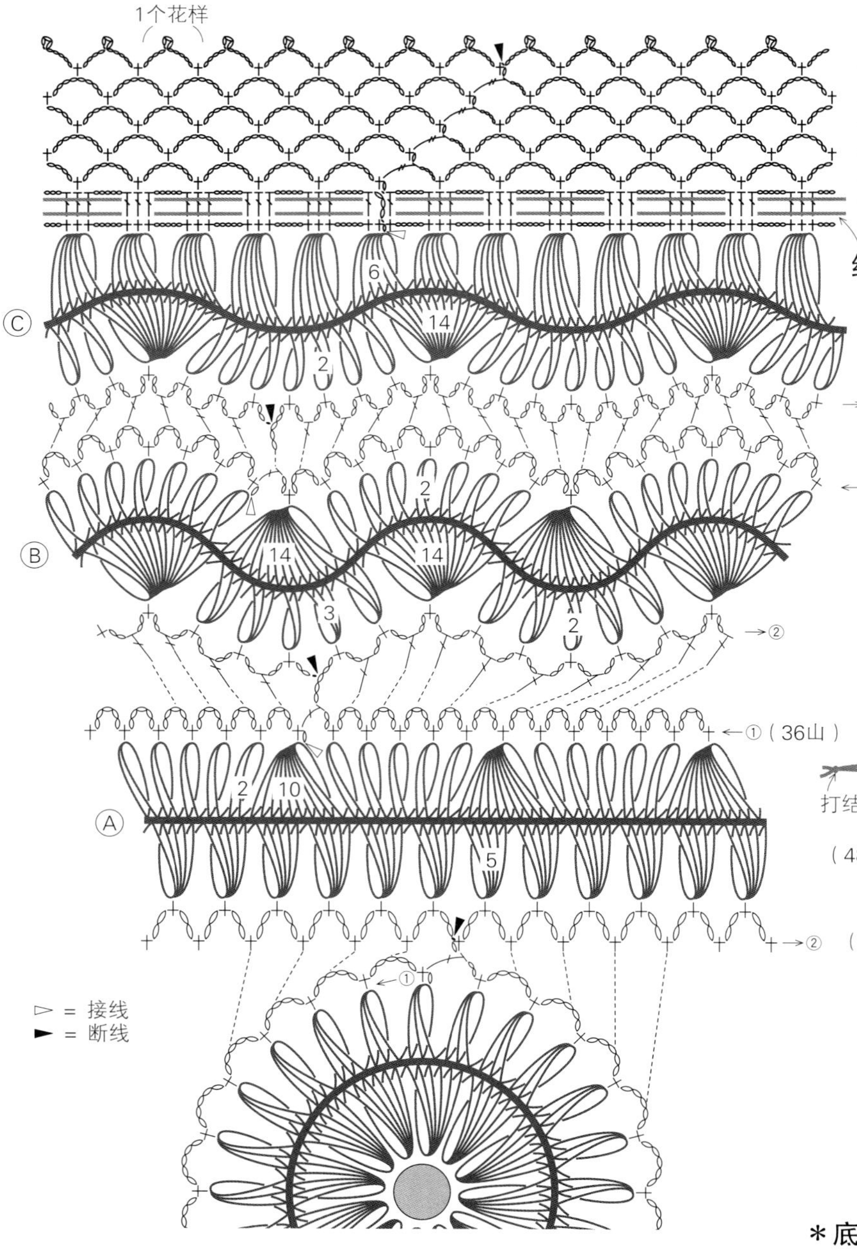

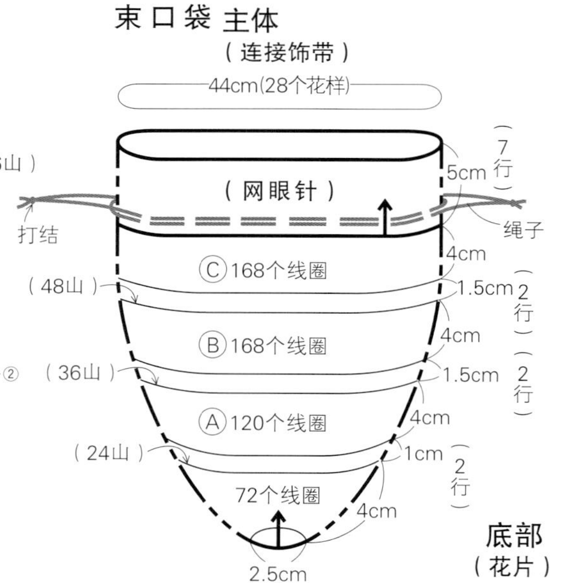

＊底部花片的编织方法见 p.59

tissue case & mini pouch

纸巾盒与迷你束口袋 p.53

[**材料**] 线…DMC BABYLO 10号 **纸巾盒** 橘黄色（741）10g／**迷你束口袋** 橘黄色（741）、绿色段染（114）、淡蓝色（799）各5g

[**工具**] 发卡蕾丝编织器 4cm 宽　针…蕾丝钩针 2 号

其他…密织平纹棉布 15cm×20cm

[**成品尺寸**] **纸巾盒** 13cm×9cm／**迷你束口袋** 宽 9cm、深7cm

[**编织要点**] **纸巾盒** 饰带 48 个线圈 4 条／**迷你束口袋** 花片 60 个线圈

纸巾盒 参照图解，编织并连接 4 条饰带。在翻折位置折叠后用卷针缝将两边缝合。在取纸口钩 1 行短针。制作内衬布塞入纸巾盒，在取纸口卷针缝。

迷你束口袋 从底部花片的中心开始编织。在钩织花片的第 2 行时，一边挑钩花片的线圈一边连接，将织片的编织起点和编织终点连接成环。花片外围每 3 个线圈为一束进行挑钩，继续钩织袋口的网眼针。钩织罗纹绳（参照 p.59）作绳子，在穿绳位置将罗纹绳穿好。

纸巾盒

（连接饰带）

48个线圈 4条

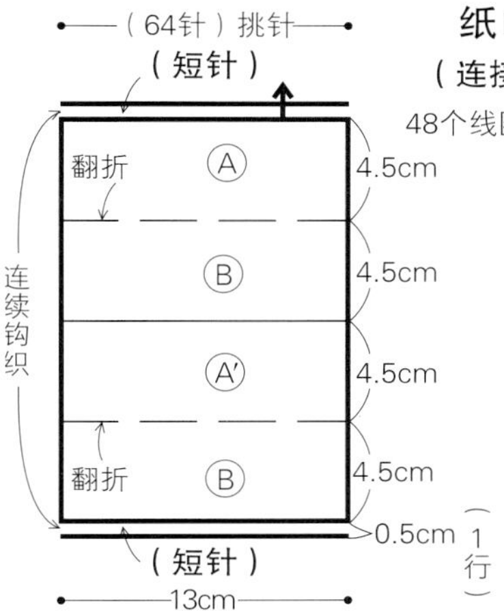

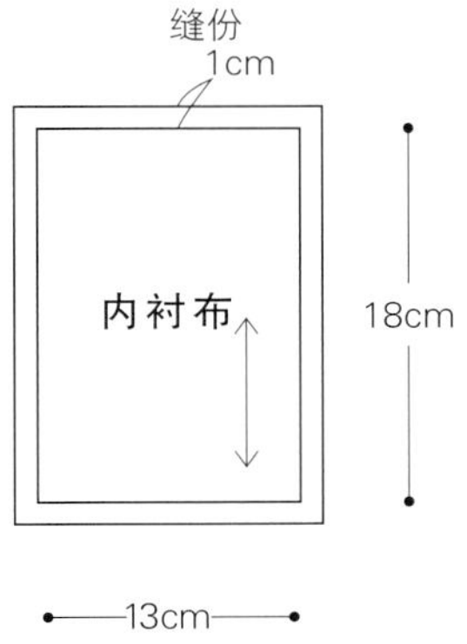

组合方法

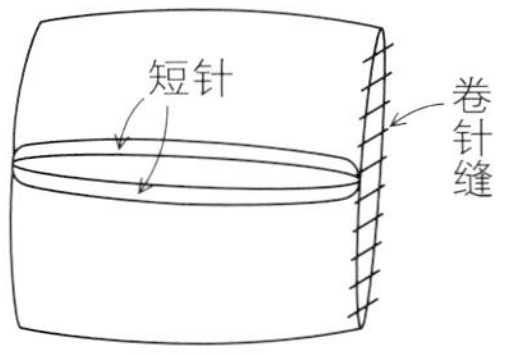

纸巾盒

连接饰带

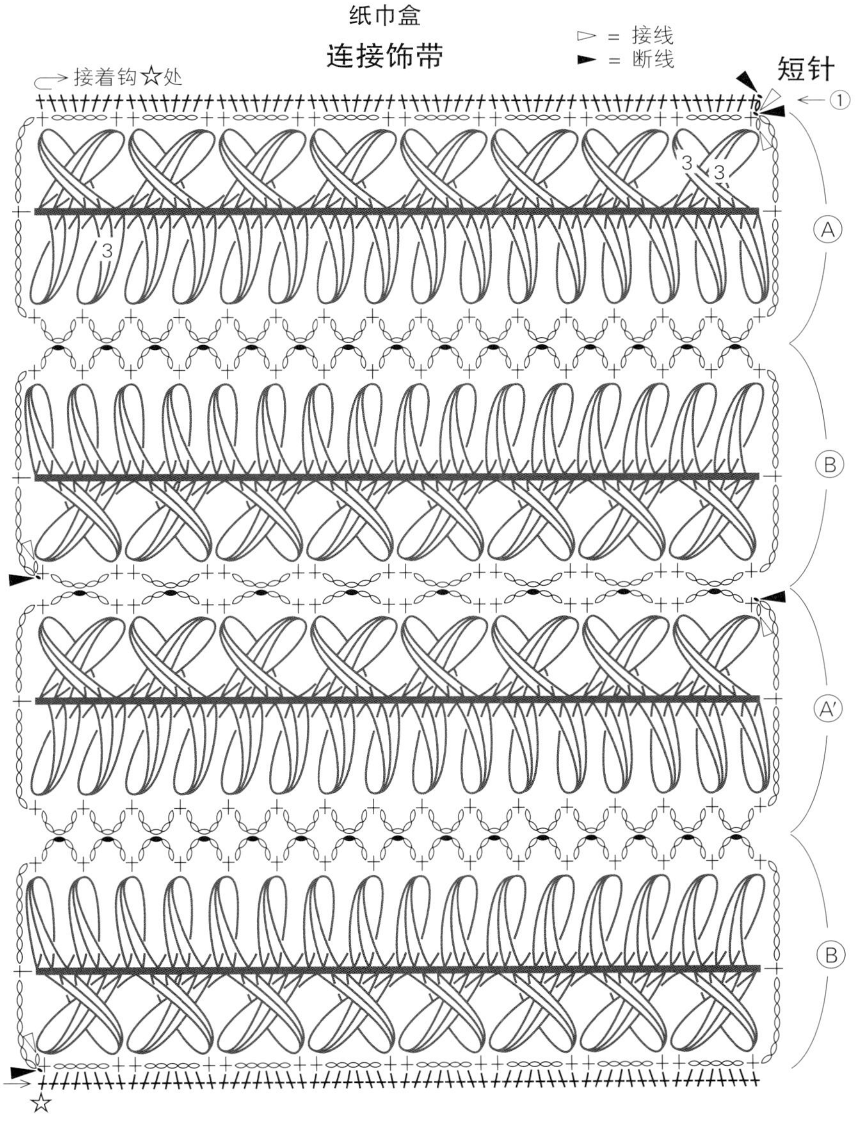

＊迷你束口袋的编织方法见 p.66

motif

蝴蝶、树叶、青虫的花片

以线圈束为内芯挑钩短针编织而成的可爱花片。
缝在胸针或插梳、发夹等金属配件上，或者用作饰花进行点缀也非常可爱。

编织方法…p.58
用线 / DMC BABYLO 10 号

motif

蝴蝶、树叶、青虫的花片 p.56

［**材料**］线…DMC BABYLO 10号 **蝴蝶** 原色（ECRU）、橘黄色段染（90）各2g／**树叶** 原色（ECRU）、绿色段染（114）各2g／**青虫** 原色（ECRU）、蓝色段染（93）各1g

［**工具**］发卡蕾丝编织器 4cm宽 针…蕾丝钩针 2号

［**成品尺寸**］参照图解

［**编织要点**］饰带 **蝴蝶** 16个线圈 2条／**树叶**（大）18个线圈、（小）14个线圈／**青虫** 16个线圈

蝴蝶 左右对称编织2条饰带，对齐后用卷针缝缝合作为翅膀。编织身体部分，藏针缝缝在翅膀的反面。

树叶 大、小树叶都是从茎部开始编织。参照图解每4个线圈为一束进行挑钩。

青虫 参照图解挑钩线圈。

蝴蝶

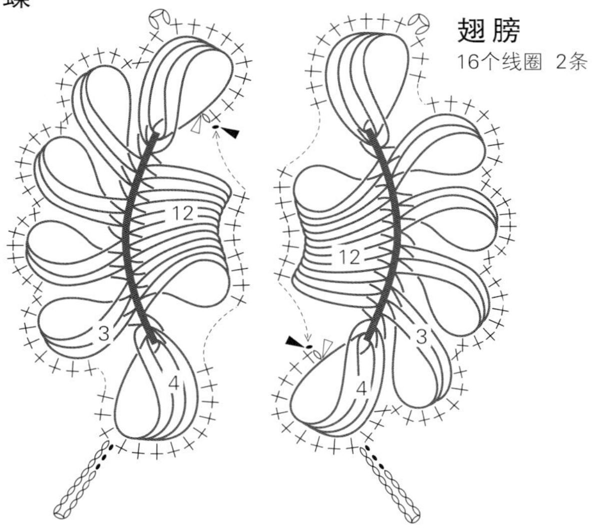

身体

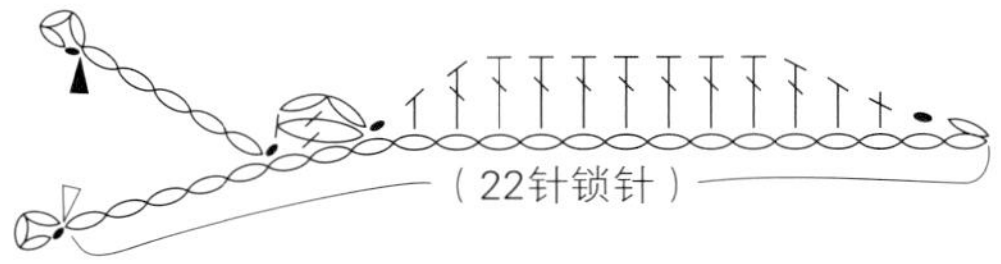

组合方法

将身体叠放在翅膀上进行藏针缝

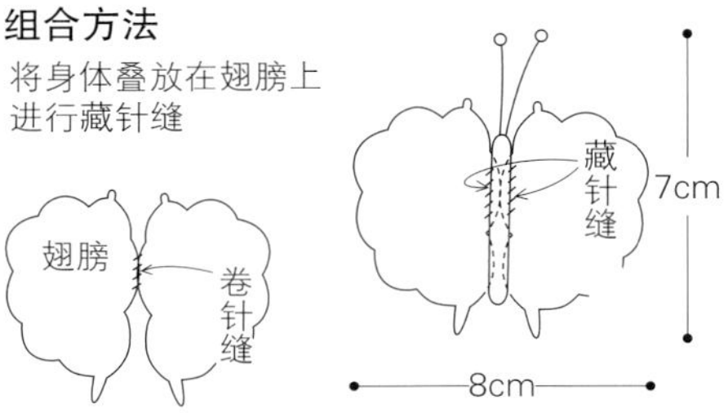

▷ = 接线
► = 断线

青虫 16个线圈

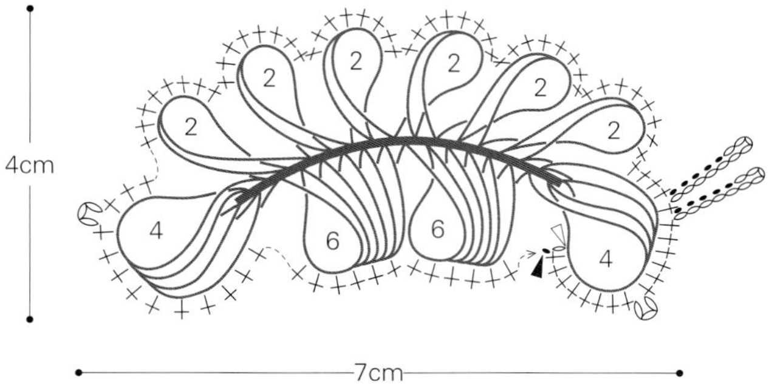

树叶

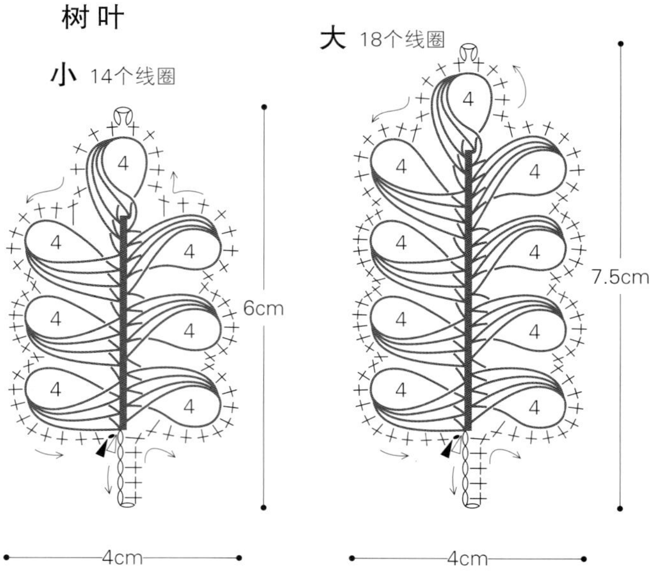

hair accessory

发 圈 p.48

[**材料**] 线…Olympus Emmy Grande <Bijou> a 棕色夹金银丝线（L744）11g / b 米色夹金银丝线（L740）12g
[**工具**] 发卡蕾丝编织器 a 4cm 宽 / b 6cm 宽 针…蕾丝钩针 2 号
其他…橡皮筋 直径 5cm
[**成品尺寸**] a 直径 9cm、b 直径 11cm

[**编织要点**] 饰带 a、b 各 120 个线圈
将市售的橡皮筋套在织片的中间。在前后各 1 个线圈里一起插入钩针进行编织。每隔 5 个线圈，一起挑取织片中间的短针和橡皮筋，钩短针将其包在里面。钩完 24 个花样后将织片连接成环，继续钩第 2 行。

发 圈

a
4cm宽 120个线圈

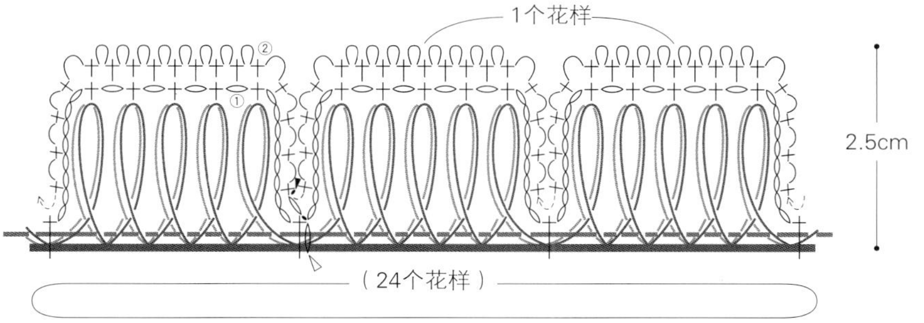

b
6cm宽 120个线圈

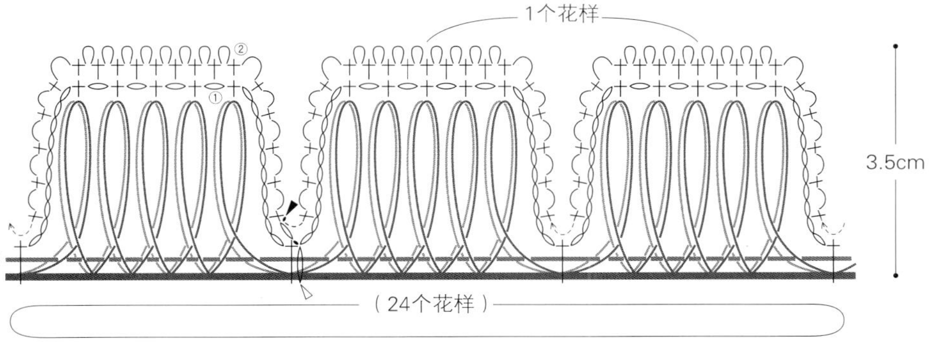

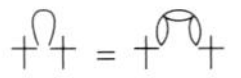

▷ = 接线
► = 断线

＊上接 p.54 束口袋

▷ = 接线
► = 断线

花片的中心

底部
花片

罗纹绳

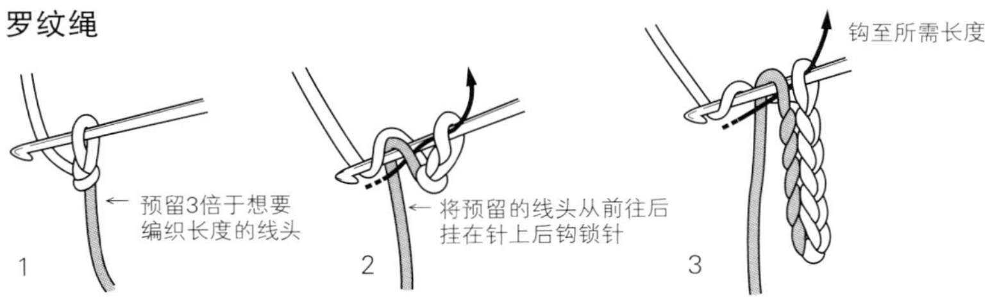

baby shoes

婴儿鞋

想送给刚出生婴儿的可爱鞋子。用 4cm 宽的发卡蕾丝编织器编织完成。
用钩针钩织结实的鞋底。光是看着就感觉心都要融化了。

编织方法…p.62
用线 / DMC CEBELIA 10 号

用 2cm 宽的发卡蕾丝编织器编织的超迷你尺寸。
听说把婴儿鞋装饰在玄关处，
天使就会带来好运，是真的吗？

baby shoes

婴儿鞋 p.60

[材料] 线…DMC CEBELIA 10 号
大 粉红色（224）4g＋米白色（3865）6g／淡蓝色（800）4g＋米白色（3865）6g／米白色（3865）10g
小 粉红色（224）4g＋米白色（3865）4g／淡蓝色（800）4g＋米白色（3865）4g／米白色（3865）8g
[工具] 发卡蕾丝编织器 **大** 4cm 宽／**小** 2cm 宽
针…蕾丝钩针 2 号

[成品尺寸] **大** 底长 10.5cm/ **小** 底长 7.5cm
[编织要点] **大** 饰带 70 个线圈 2 条 / **小** 饰带 45 个线圈 2 条
大、小号鞋的编织方法相同，鞋底钩短针，侧面参照图解进行挑钩，将饰带连接成环。在鞋帮的外围钩引拔针与鞋底的最后一行连接。小号鞋另外制作 2 个小绒球，缝在脚后跟处。

婴儿鞋

大 4cm宽 70个线圈

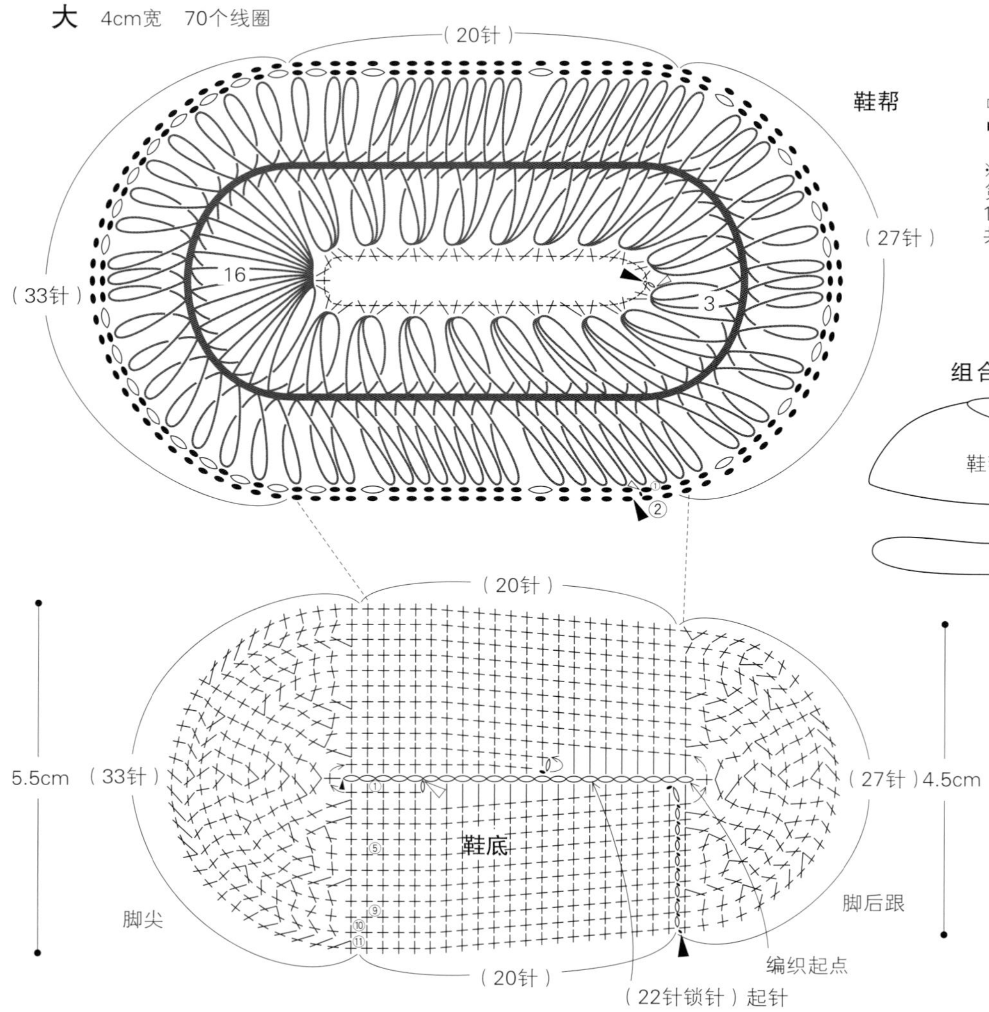

▷ = 接线
► = 断线

※ 钩第2行的引拔针时，挑取的是第1行头针外侧的1根线和鞋底第11行短针的头针外侧的1根线，共2根线。

组合方法

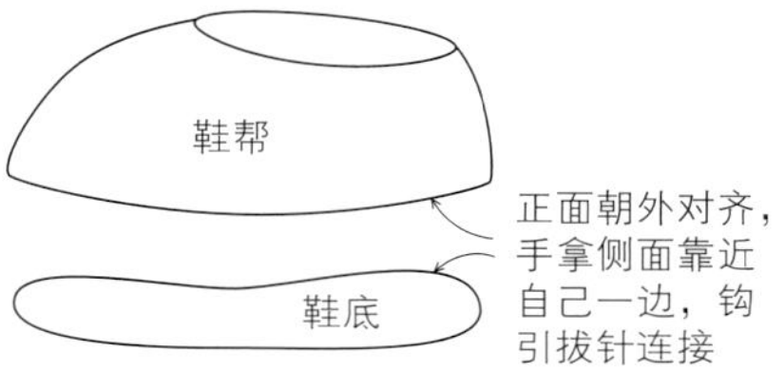

鞋底的加针

第⑪行	100针	（＋6针）
第⑩行	94针	
第⑨行	88针	
第⑧行	82针	
第⑦行	76针	
第⑥行	70针	
第⑤行	64针	
第④行	58针	
第③行	52针	（＋15针）
第②行	37针	（＋19针）
第①行	18针	

婴儿鞋

小 宽2cm
45个线圈

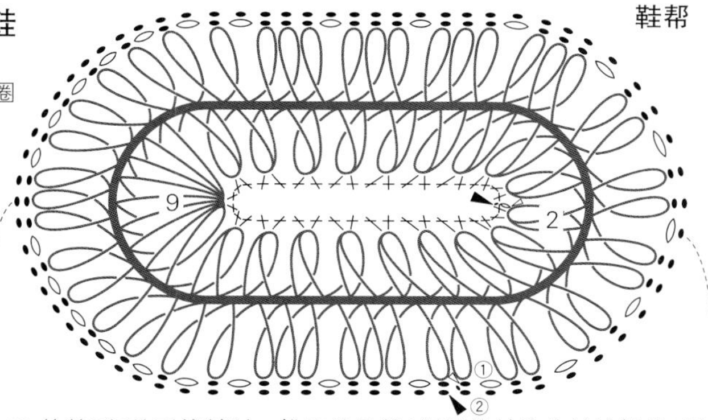

※ 钩第2行的引拔针时，挑取的是第1行引拔针的头针外侧的1根线和鞋底第7行短针的头针外侧的1根线，共2根线。

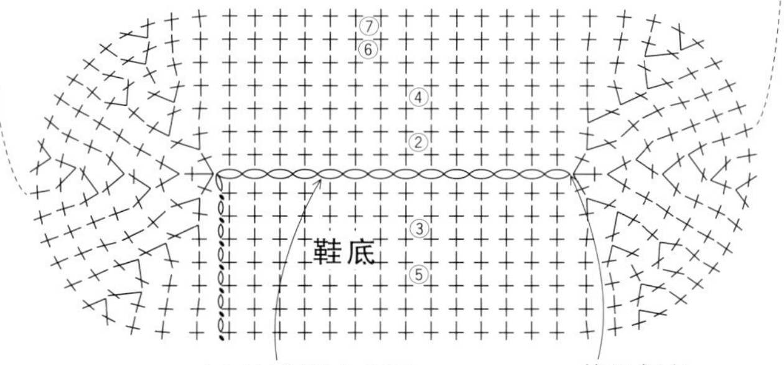

（14针锁针）起针　　编织起点

7.5cm

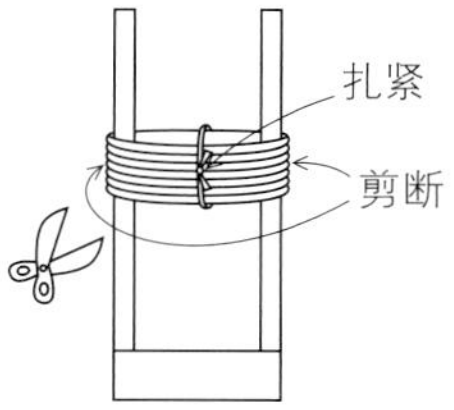

发卡蕾丝编织器
宽2cm

小绒球的制作方法

制作2个小绒球（直径约1cm）。在发卡蕾丝编织器上绕70圈线，用线将前后线圈一起扎紧后剪断两端。喷一下蒸汽恢复线的捻度，然后修剪成球状。

鞋底的加针

第⑦行	70针	（＋6针）
第⑥行	64针	
第⑤行	58针	
第④行	52针	
第③行	46针	
第②行	40针	
第①行	34针	

▷ ＝ 接线
▶ ＝ 断线

＊接 p.65 花片

e 72个线圈

13.5cm

f
64个线圈

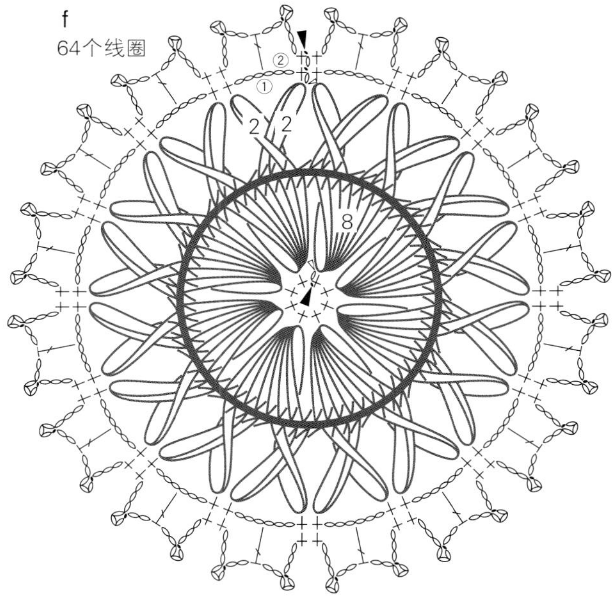

11.5cm

motif

各种圆形花片

1 个花片可以用作杯垫或者饰花，
多编织一些花片并连接起来，还可以制作
装饰垫和披肩等。
找找有没有喜欢的花片吧。

编织方法…p.65
用线 / DMC BABYLO 10 号

motif

各种圆形花片 p.64

[**材料**] 线…DMC BABYLO 10 号 a、b、e 淡蓝色（799）/ c、f 红色（475）/ d 橘黄色段染（90）各 5g

[**工具**] 发卡蕾丝编织器 4cm 宽 针…蕾丝钩针 2 号

[**成品尺寸**] 参照图解

[**编织要点**] 花片 a、c、f 64 个线圈，b、d 60 个线圈，e 72 个线圈

b、d、c 在花片的中心穿入线后收紧，a、e、f 则是挑钩短针。将织片的编织终点和编织起点连接成环。分别参照图解挑钩花片的外围。

a 64个线圈

11.5cm

b 60个线圈

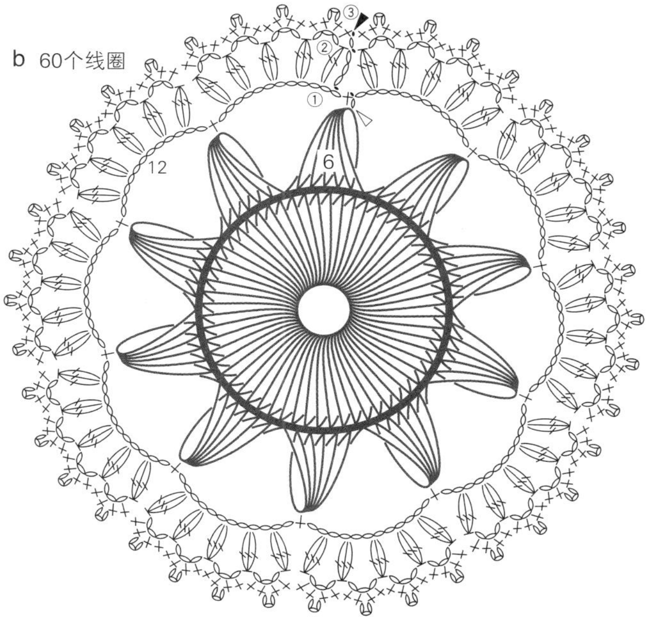

12cm

d 60个线圈

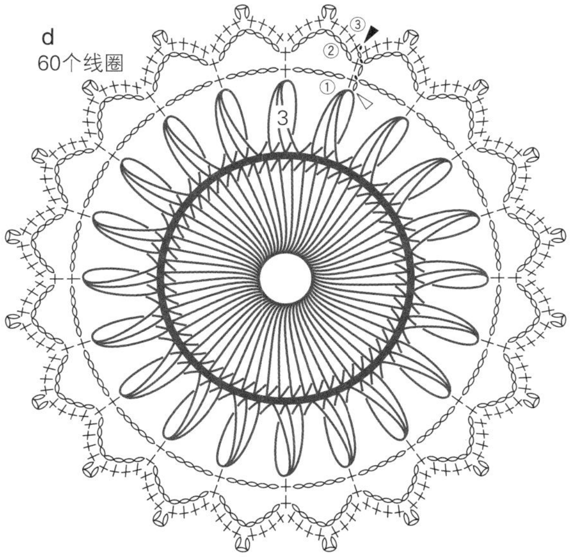

12.5cm

c 64个线圈

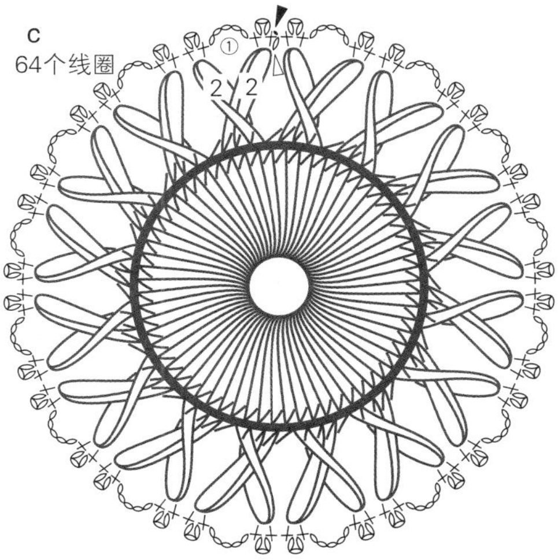

10.5cm

▷ = 接线
► = 断线

＊花片 e、f 的编织方法见 p.63

bag

小托特包 p.7

［**材料**］线…Olympus Emmy Grande <Herbs> 米黄色（721）15g、浅棕色（745）30g
［**工具**］发卡蕾丝编织器 4cm宽 针…蕾丝钩针 2号
其他…密织平纹棉布 42cm×20cm
［**成品尺寸**］宽 18cm、深 20cm

［**编织要点**］饰带 63个线圈 4条
参照 p.14 编织包的2片侧面。将侧面正面朝外对齐，用卷针缝缝合3条边。钩织2条提手，缝在袋口内侧。缝制内衬袋，放入包内并在袋口进行藏针缝。

侧面 2片

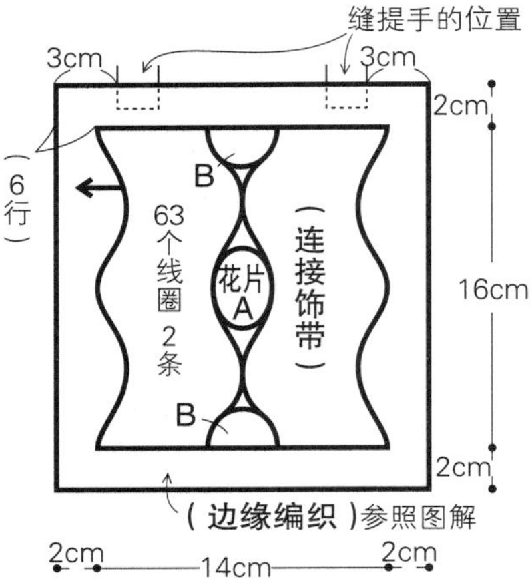

※ 饰带和连接花片用米黄色线，边缘和提手用浅棕色线编织。

提手 2条

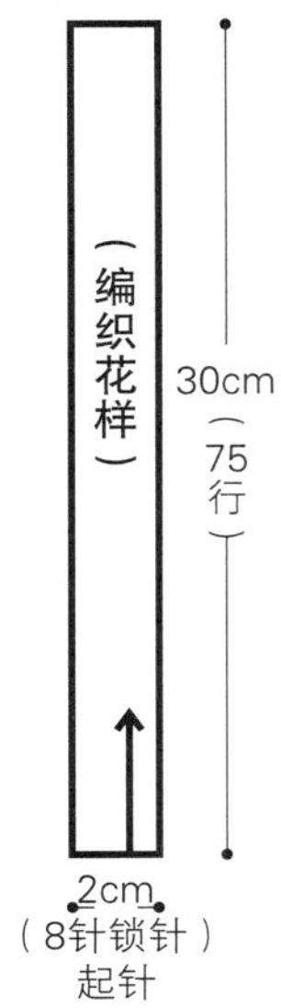

提手

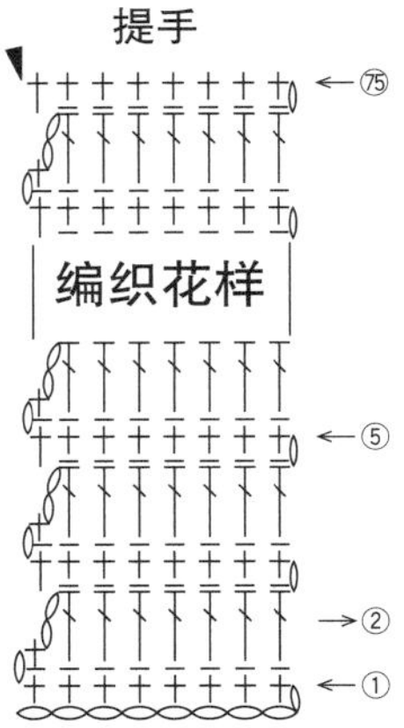

= 长针的菱形针
= 短针的菱形针
= 接线
= 断线

＊上接 p.55 迷你束口袋

迷你束口袋

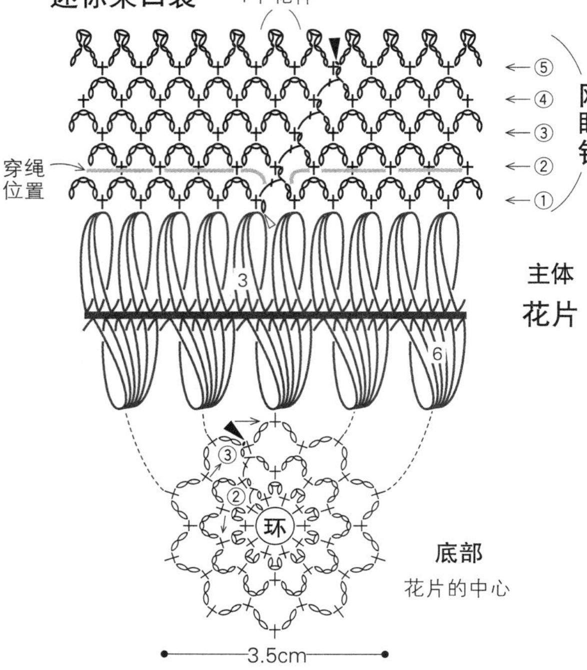

迷你束口袋

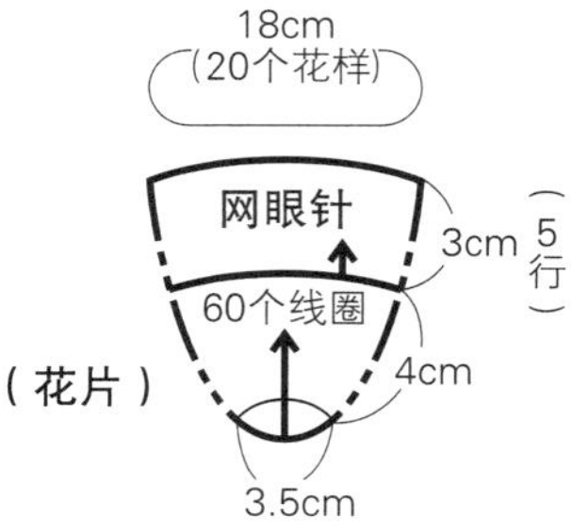

绳子
（罗纹绳）

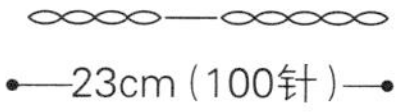

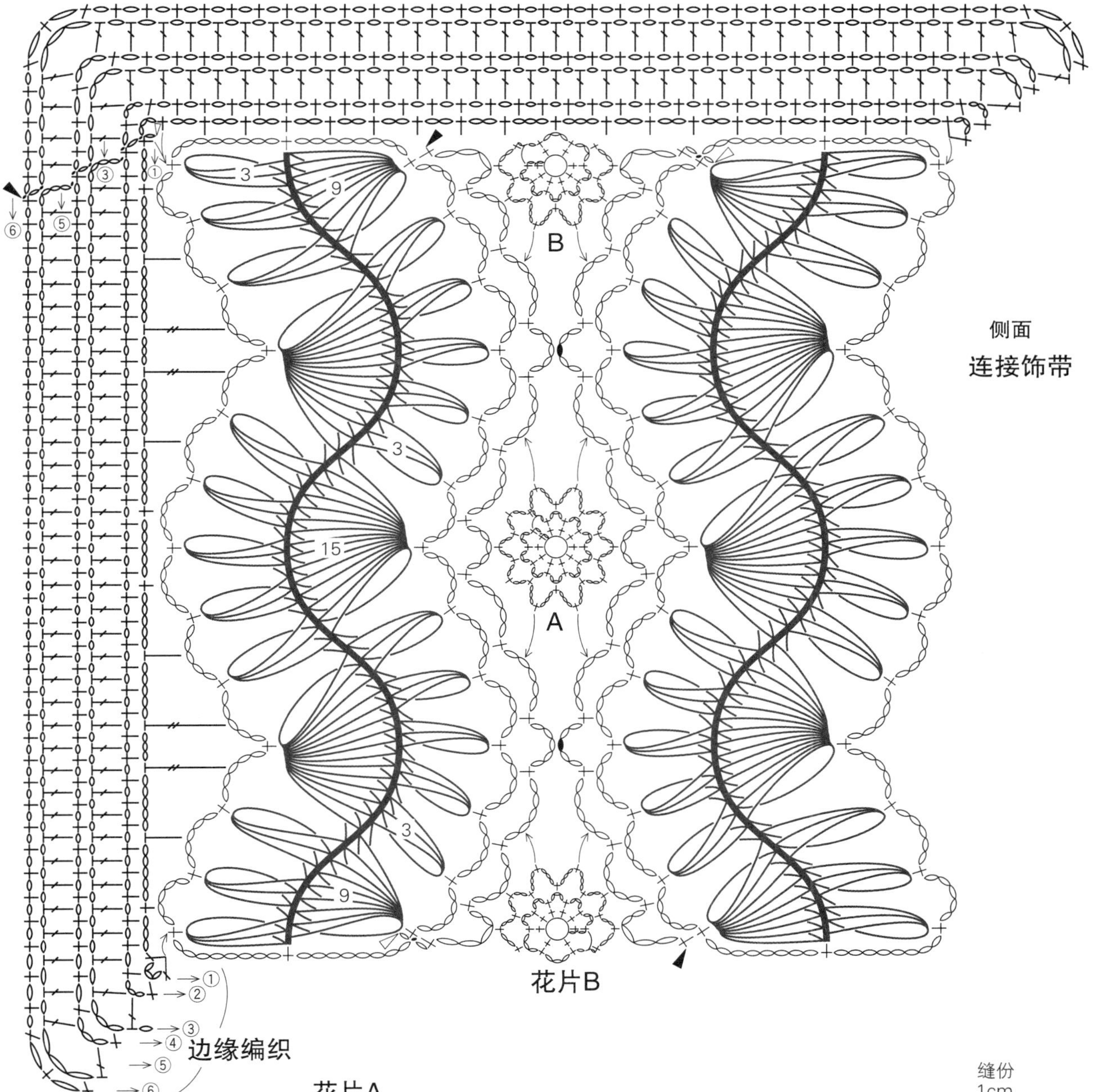
3
9
3
15
3
9
B
A
侧面
连接饰带
花片B
①
②
③
④
⑤
⑥
边缘编织

花片A

③
②
①
环

花片B

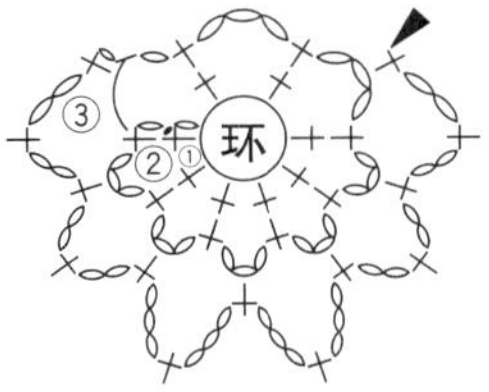
③
②
①
环

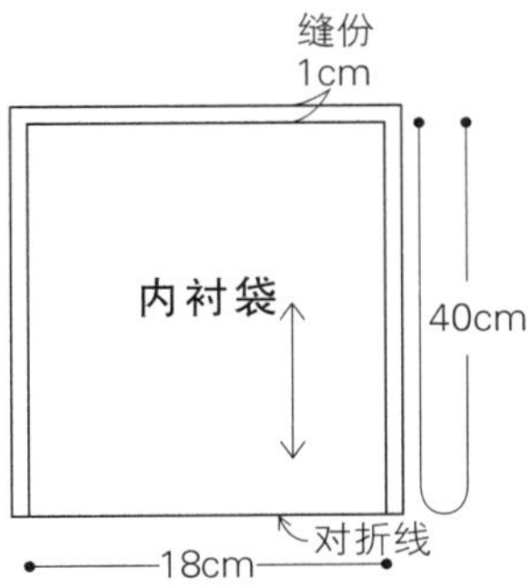
缝份
1cm
内衬袋
40cm
对折线
18cm

▷ = 接线
► = 断线

ribbon

飘带 p.18

[**材料**] 线…Olympus Emmy Grande **飘带** 米色（808）20g /
蝴蝶结 米色（808）、苔绿色（288）、暗红色（778）
Olympus Emmy Grande <Colors> 蓝灰色（316）各 5g
[**工具**] 发卡蕾丝编织器 4cm 宽 针…蕾丝钩针 2 号
[**成品尺寸**] **飘带** 5cm×95cm/ **蝴蝶结** 5cm×8cm
[**编织要点**] 饰带 **飘带** 360 个线圈 / **蝴蝶结** 72 个线圈
飘带和蝴蝶结都参照 p.19 编织饰带。蝴蝶结需另外编织固定带，如图所示进行组合。

飘带 360个线圈

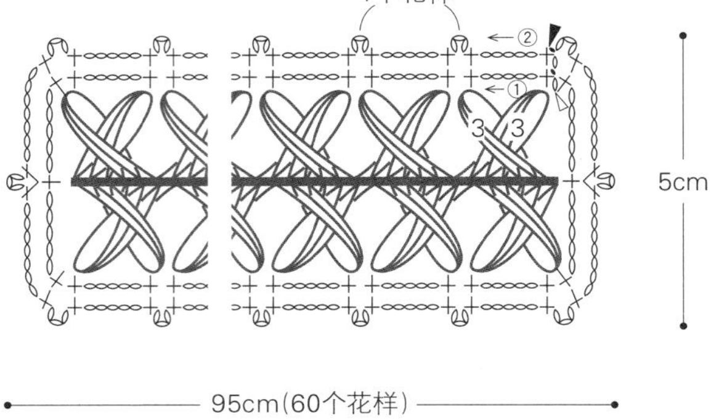

▷ = 接线
▶ = 断线

蝴蝶结 72个线圈 ※边缘的第2行从中心左右两侧对称编织。

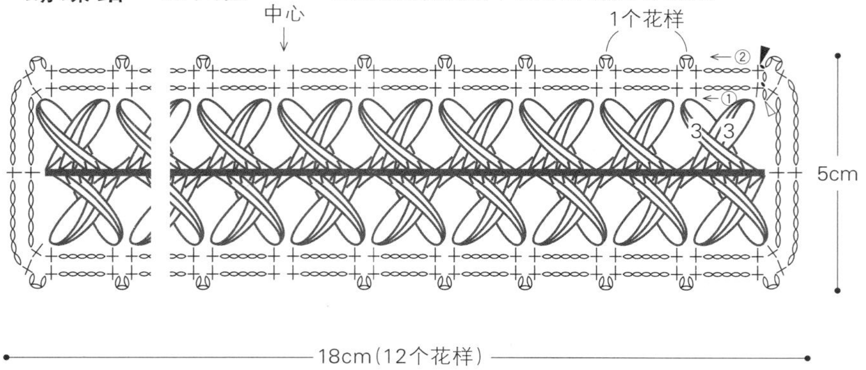

固定带

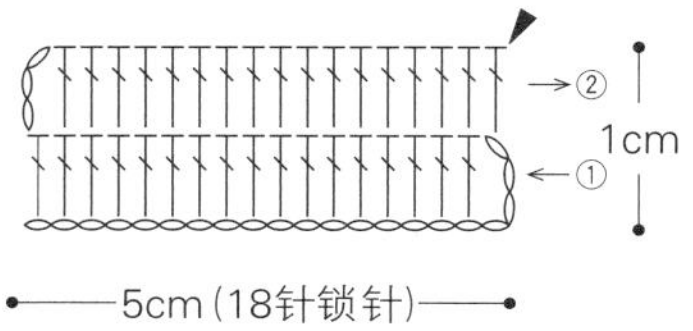

组合方法

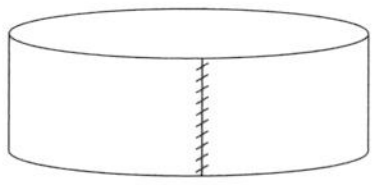

① 将饰带在后中心对齐后进行卷针缝。

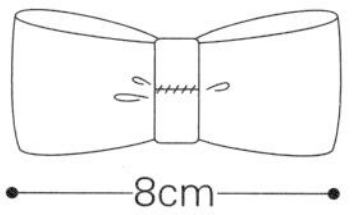

② 在中间缠上固定带，在后中心重叠一小截后卷针缝。

虾形辫

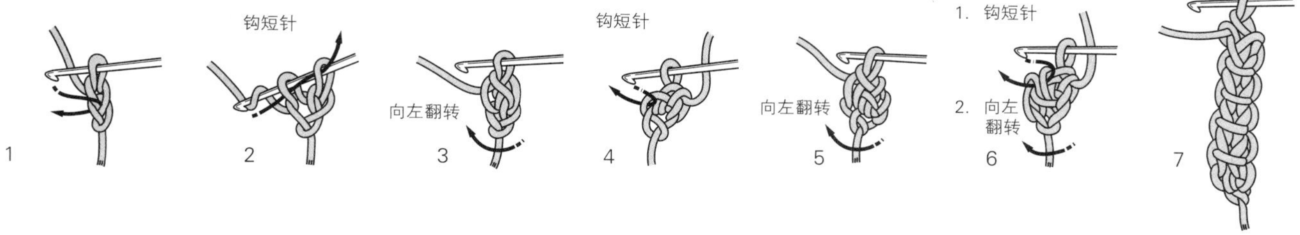

katyusha+gom

发 带 p.20

［材料］线…Olympus Emmy Grande 肉桂色（738）15g
［工具］发卡蕾丝编织器 4cm 宽 针…蕾丝钩针 2 号
其他…橡皮筋
［成品尺寸］参照图解
［编织要点］饰带 144 个线圈 2 条
参照 p.21 连接 2 条织片，编织饰带。在饰带的两端钩长针，编织发圈襻，留 20cm 左右的线头。如图所示将橡皮筋夹在发圈襻里，再用发圈襻编织结束时的线头进行卷针缝。

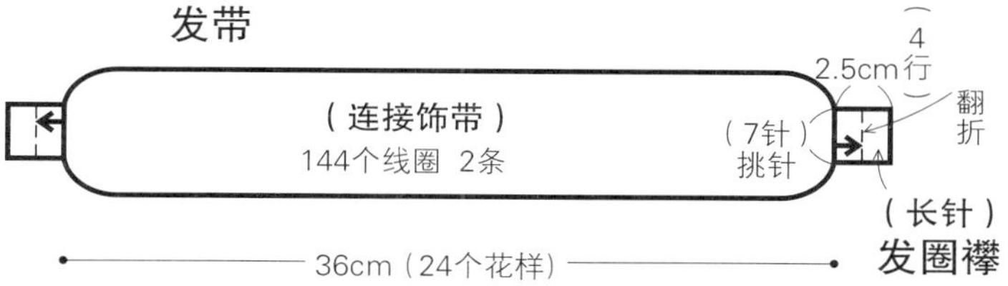

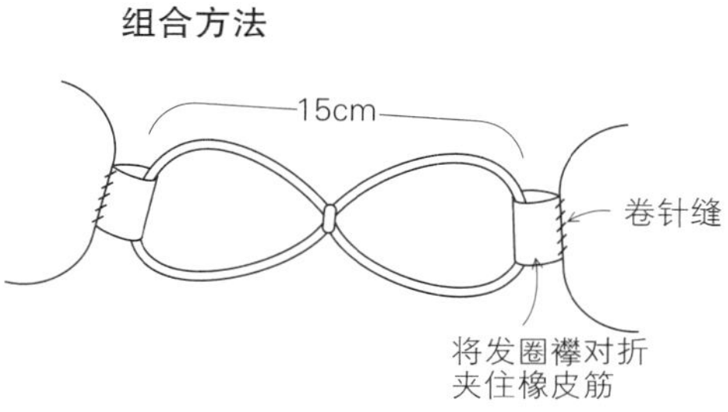

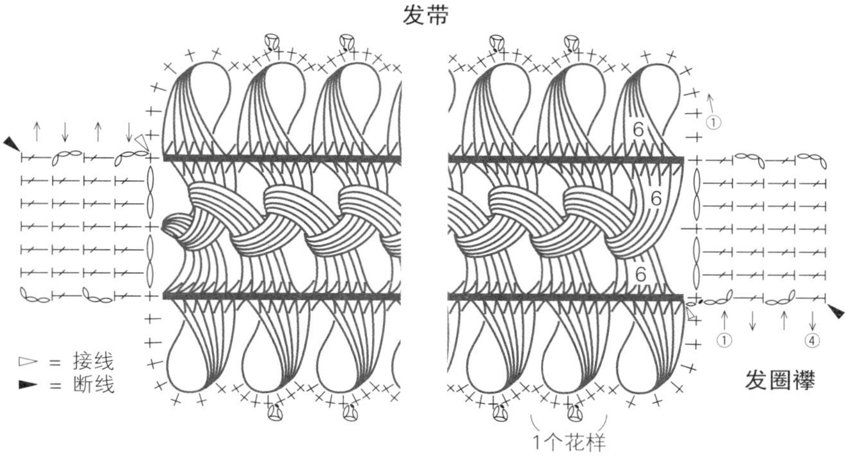

belt

腰 带 p.22

［材料］线…Olympus Emmy Grande<Herbs> 棕色（777）30g
［工具］发卡蕾丝编织器 4cm 宽 针…蕾丝钩针 2 号
［成品尺寸］6cm×63cm
［编织要点］饰带 288 个线圈

参照 p.23 编织饰带。钩织 2 条虾形辫作为绳子，如图所示穿入穿绳子的位置。

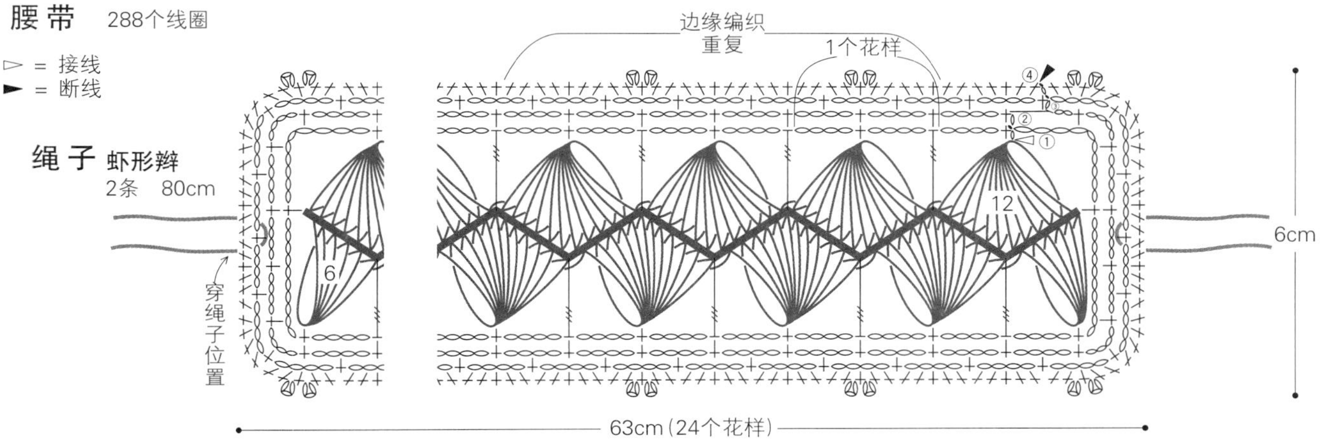

accessory

装饰链与耳环 p.24

[**材料**] 线…Olympus Emmy Grande 深棕色（739）、驼色（736）各 10g
[**工具**] …发卡蕾丝编织器 4cm 宽　针…蕾丝钩针 2 号
其他…吊钟形耳环挂钩 1 对、C 形环 2 个
[**成品尺寸**] 参照图解
[**编织要点**] 饰带　**装饰链** 8 个线圈 30 条、**耳环** 8 个线圈 2 条
装饰链和耳环都参照 p.25 编织所需个数的饰带花片。装饰链从第 2 个花片开始，一边与前一个花片连接一边继续编织。耳环如图所示装上金属配件进行组合。

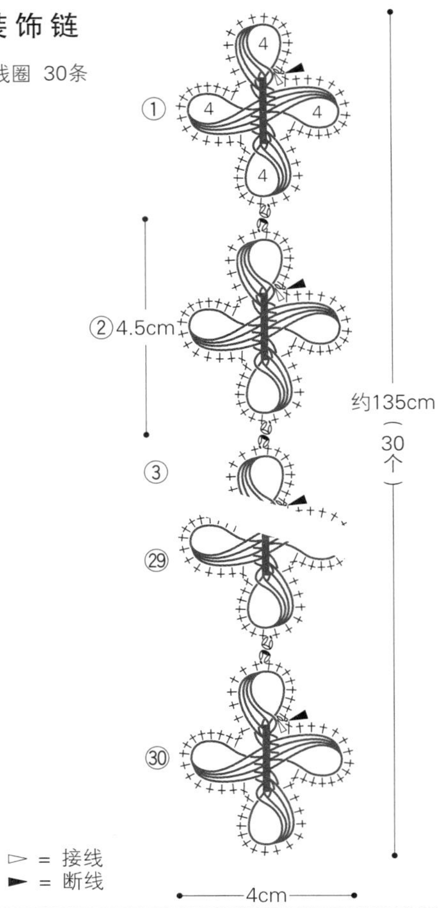

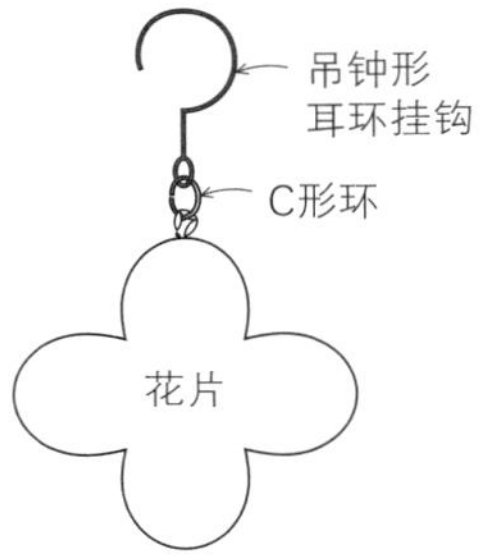

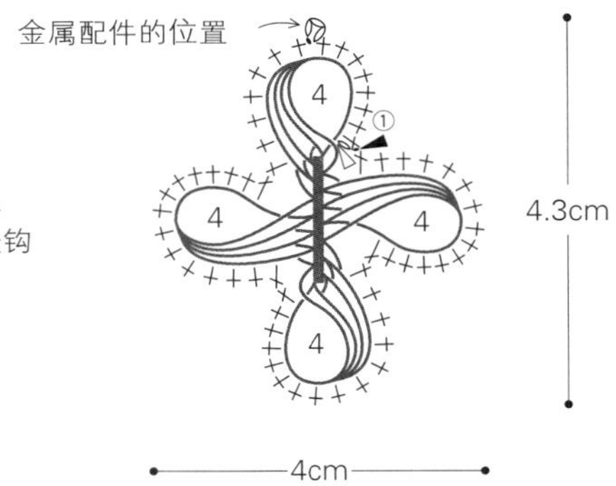

※ 织片用深棕色线、其他全部用驼色线编织。

＊ p.71 应用饰带的装饰领

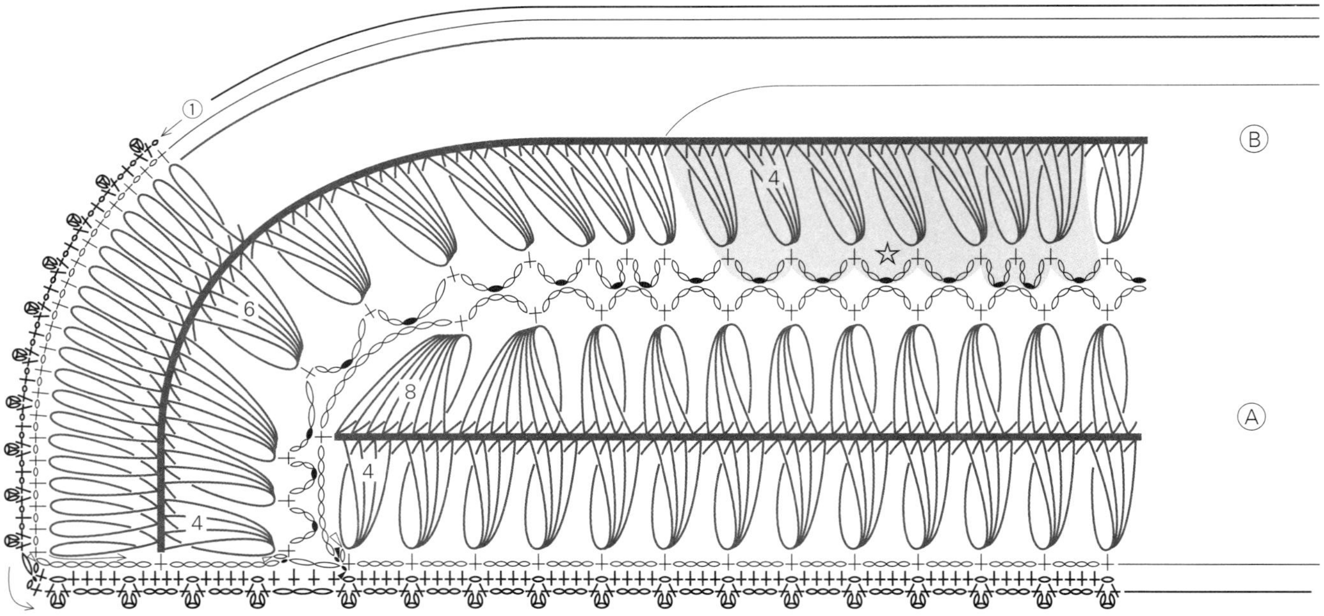

tippet

应用饰带的装饰领 p.46

[**材料**] 线…Olympus　Emmy Grande <Herbs> 浅米色（732）30g
[**工具**]…发卡蕾丝编织器 4cm 宽　针…蕾丝钩针 2 号
[**成品尺寸**] 参照图解
[**编织要点**] 饰带Ⓐ232 个线圈、Ⓑ308 个线圈
饰带Ⓐ只有与饰带Ⓑ连接一侧的两端是每 8 个线圈为一束各挑钩 2 次，其他全部每 4 个线圈为一束进行挑钩。饰带Ⓑ一边与饰带Ⓐ连接一边进行挑钩，然后在领子外围的每个线圈里挑钩。参照图解在领子外围连续钩边缘编织 A 和 B。

边缘编织A

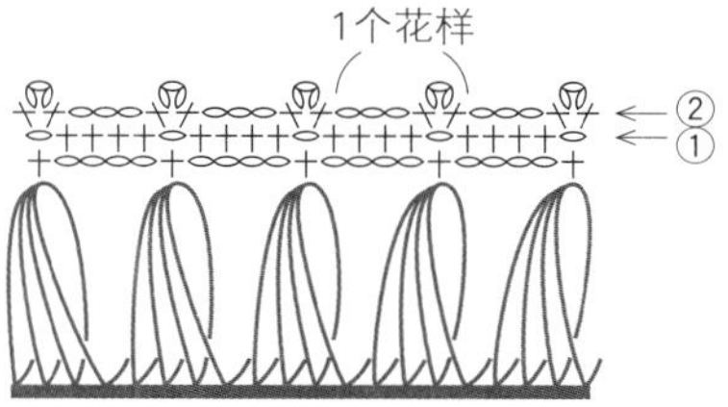

装饰领
（连接饰带）

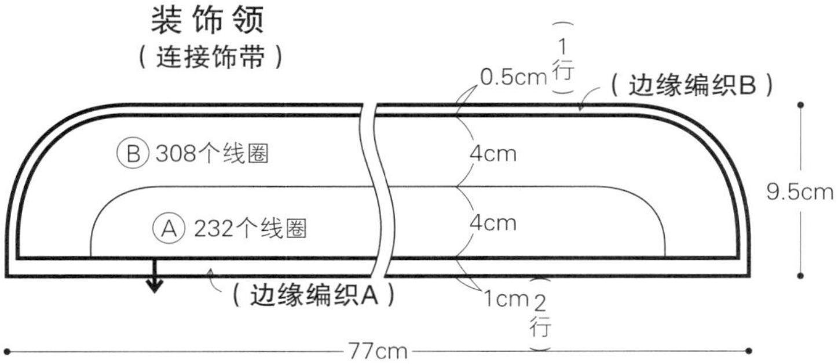

边缘编织B

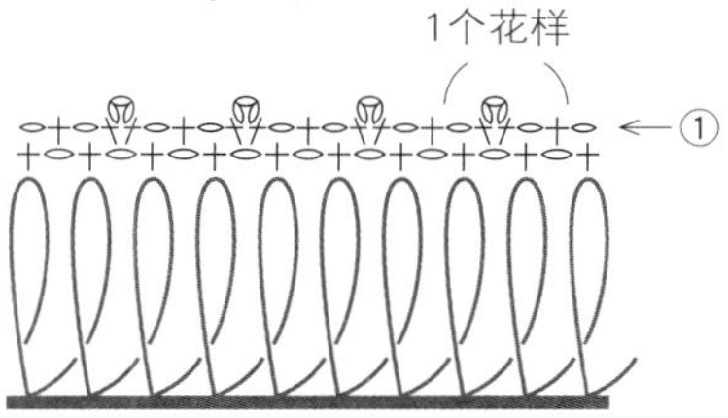

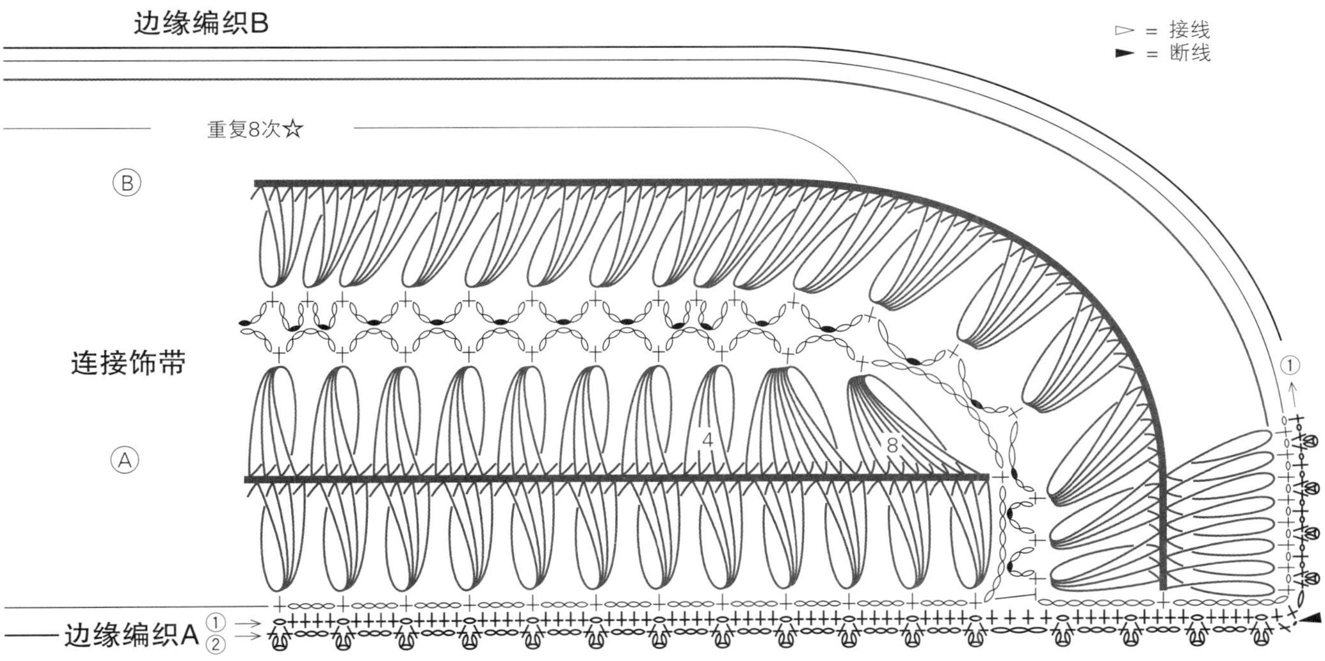

edging

饰边（直线形）p.26

[材料] 线…Olympus Emmy Grande 浅杏色（810）
[工具] 发卡蕾丝编织器 4cm 宽　针…蕾丝钩针 2 号
[成品尺寸] 10cm 内 a、b 6 个花样、c 5 个花样
[编织要点] 饰带 a、b、c 6 个线圈的倍数
a　将每 3 个线圈交叉后进行挑钩。
b 上侧每 2 个线圈为一束进行引拔。下侧每 6 个线圈为一束进行挑钩，线圈束中间的短针是将织片中间的短针针目分隔开进行钩织的。
c 下侧在每个线圈里挑钩引拔针，上侧将每 3 个线圈进行交叉后在每个线圈里钩短针。

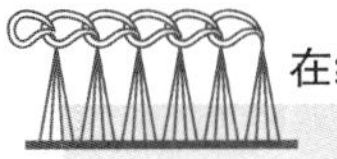
在线圈与线圈之间进行引拔

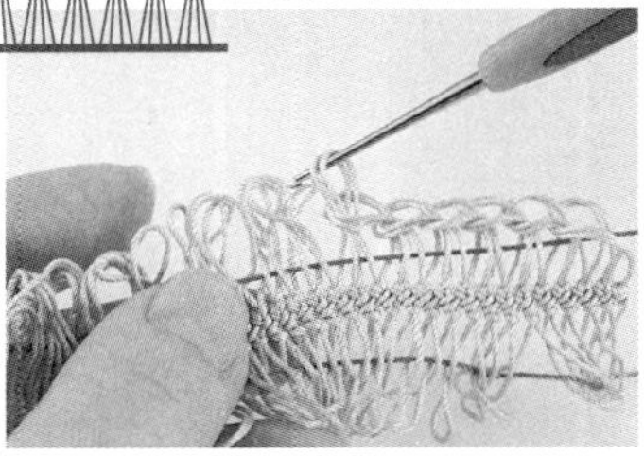

这是在线圈与线圈之间进行引拔的方法。将线圈挂在钩针上，将后面的线圈挂在钩针的针头上，然后将其从前面的线圈里引拔出。

a
6个线圈 1个花样

▷ = 接线
▶ = 断线

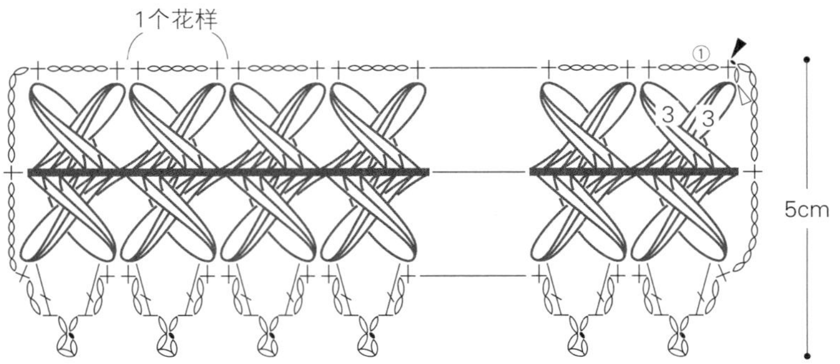

b
6个线圈 1个花样

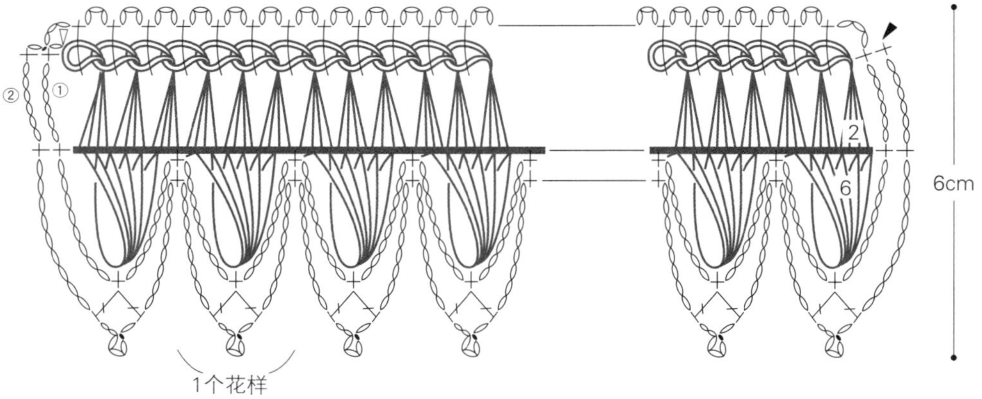

c
6个线圈 1个花样

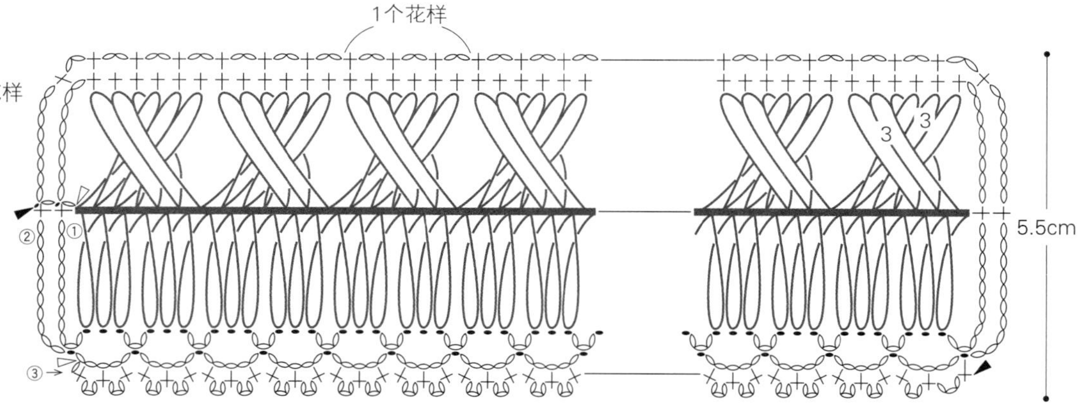

braid

饰带（波浪形）p.28

[材料] 线…Olympus Emmy Grande 米色（731）
[工具] 发卡蕾丝编织器 4cm 宽 针…蕾丝钩针 2 号
[成品尺寸] 10cm 内 a 1 个花样、b 4 个花样、c 2 个花样
[编织要点] 饰带 a 48 个线圈的倍数+ 24 个线圈、b 10 个线圈的倍数、c 20 个线圈的倍数+ 12 个线圈

a 交替挑钩 "8 个线圈 3 次、3 个线圈 8 次"。
b 每 10 个线圈为一束进行挑钩，线圈束之间的短针是将织片中间的短针针目分隔开进行钩织的。
c 交替挑钩"10 个线圈 1 次、2 个线圈 5 次"。图解两端做了调整，使其呈笔直状态。

a 48个线圈 1个花样

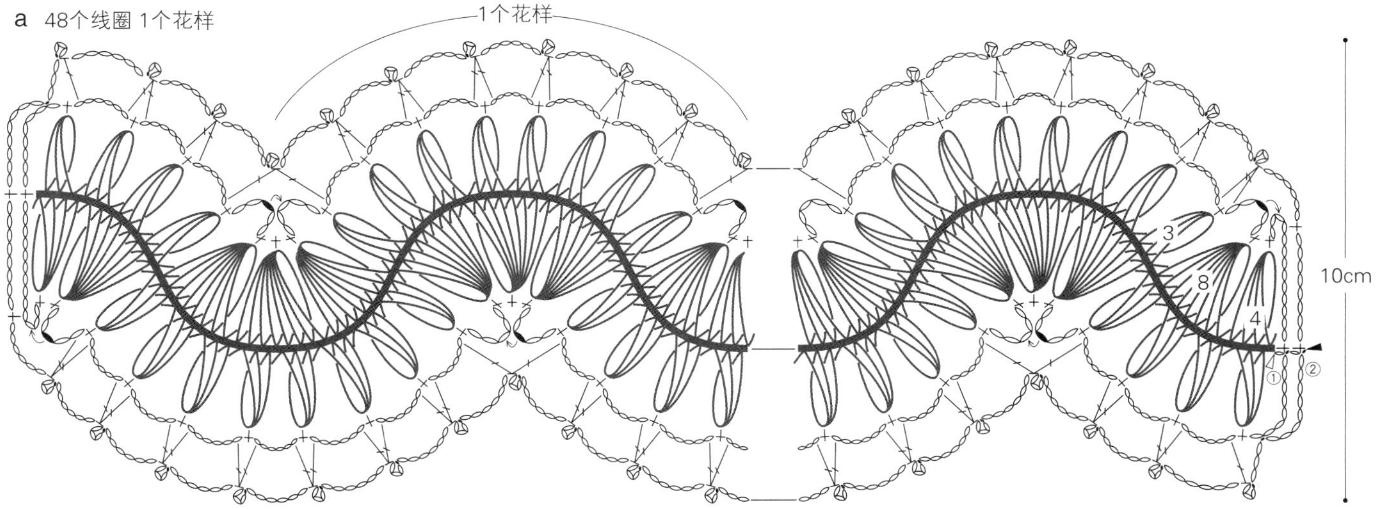

b 10个线圈 1个花样

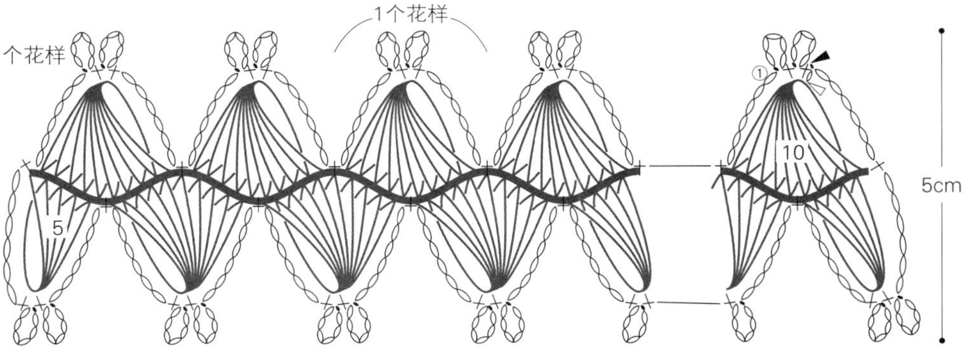

▷ = 接线
▶ = 断线

c 20个线圈 1个花样

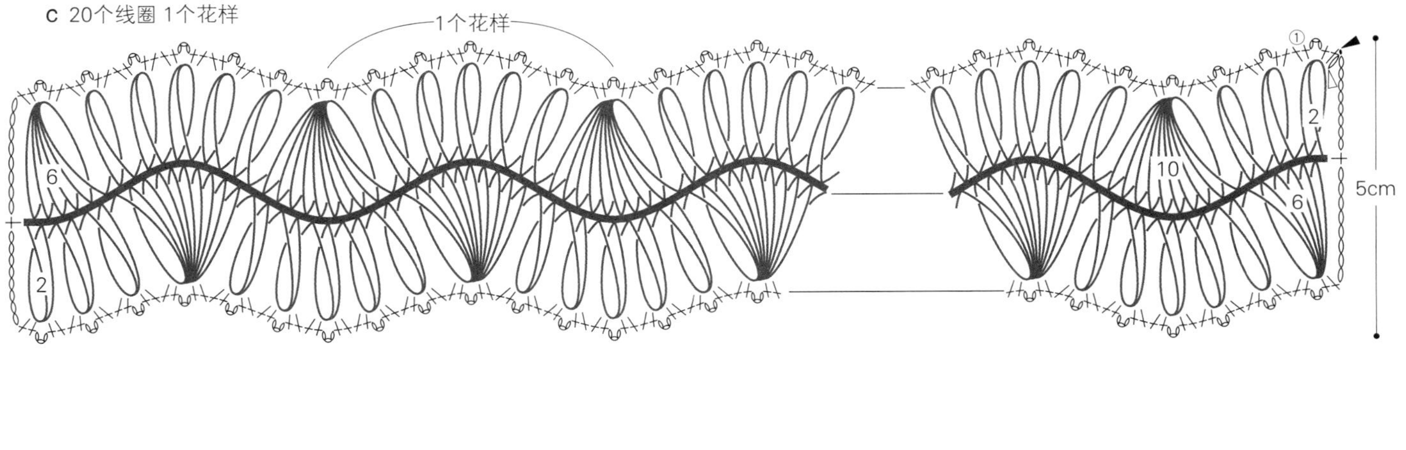

doily

连接花片的装饰垫 p.31

［**材料**］线…DMC　BABYLO 10 号　深绿色（890）10g、钴蓝色（482）5g
［**工具**］发卡蕾丝编织器 4cm 宽　针…蕾丝钩针 2 号
［**成品尺寸**］29cm×22cm
［**编织要点**］花片 60 个线圈 4 个
参照 p.32，用深绿色线编织织片，用钴蓝色线进行挑钩。从第 2 个花片开始与前一个花片连接。连接 4 个花片后钩 3 行边缘编织。

花片　60个线圈

织片　深绿色
外围　钴蓝色

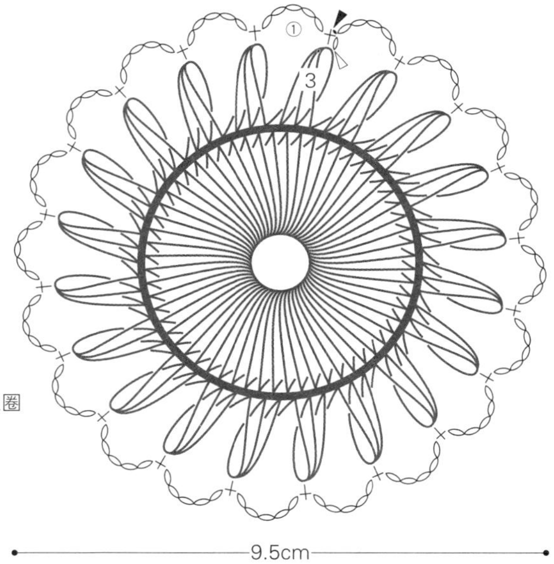

装饰垫
连接花片

4个

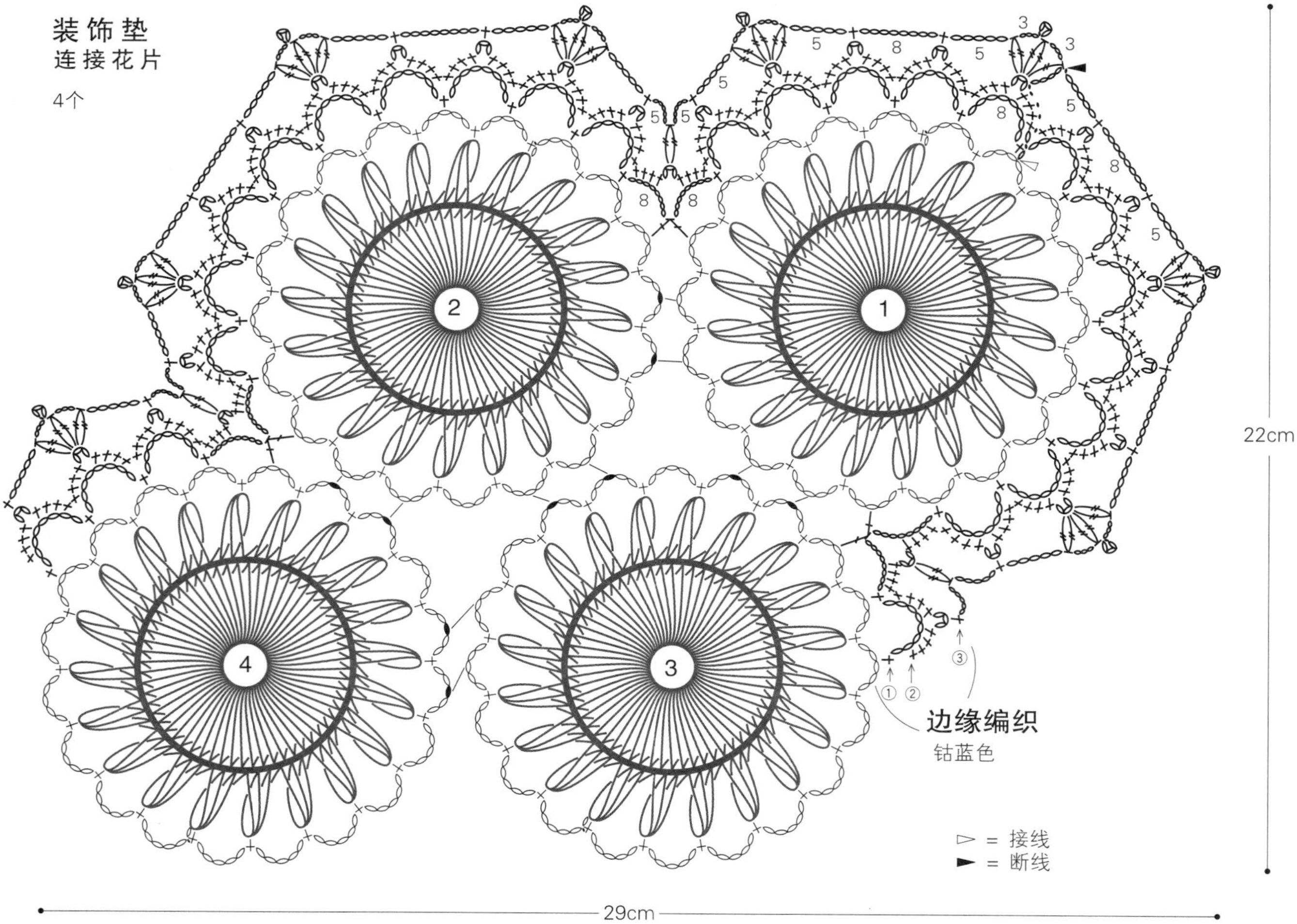

mat

多用途蕾丝垫 p.36

[**材料**] 线…DMC CEBELIA 10 号 蓝色(799)20g
[**工具**] 发卡蕾丝编织器 4cm 宽 针…蕾丝钩针 2 号
[**成品尺寸**] 直径 33cm
[**编织要点**] 花片 72 个线圈 7 个
参照 p.37 编织花片。从第 2 个花片开始与前一个花片连接。

花片
72个线圈

蕾丝垫
连接花片
7个

▷ = 接线
▶ = 断线

coaster

杯垫 p.38

[**材料**] 线…DMC BABYLO 10 号 **橘黄色**（741）/ **绿色段染**（114）各 5g
[**工具**] 发卡蕾丝编织器 4cm 宽 针…蕾丝钩针 2 号
[**成品尺寸**] 参照图解
[**编织要点**] 花片 **橘黄色** 64 个线圈、**绿色段染** 60 个线圈
橘黄色 参照 p.39 进行编织。
绿色段染 花片的中心穿入线后收紧，连接成环。外围在每个线圈里进行挑钩。

花片 60个线圈
绿色段染

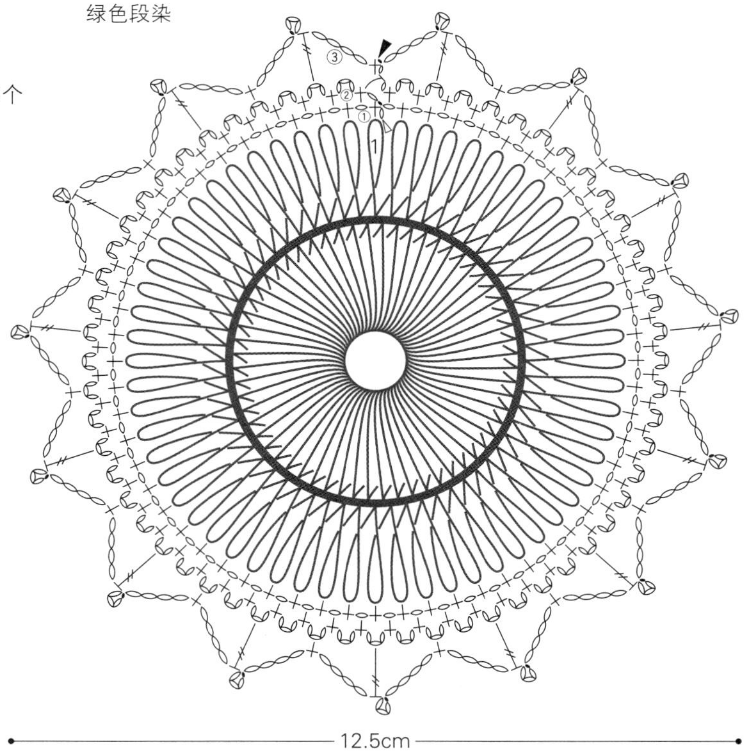

花片 64个线圈
橘黄色

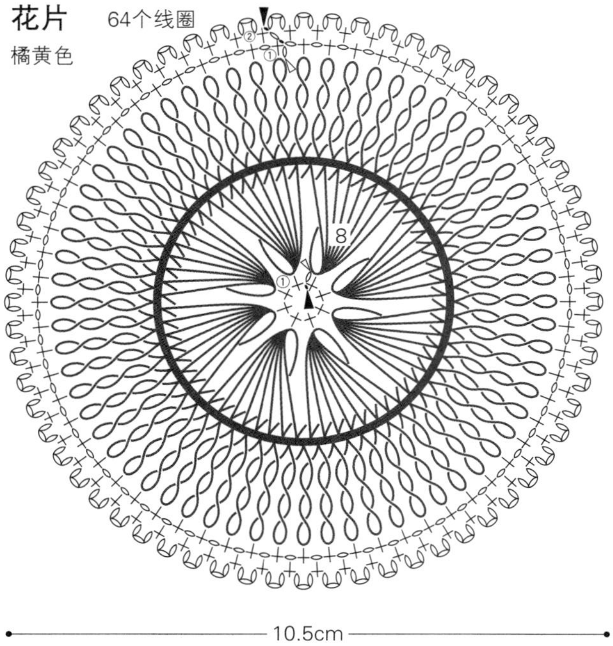

▷ = 接线
► = 断线

* p.77 四边形

四边形 60个线圈

doily

四边形、六边形、心形、椭圆形的装饰垫 p.44

［**材料**］线…DMC　CEBELIA 10 号　**四边形／六边形**　黄色（743）各 5g ／**心形**　翡翠绿色（959）5g ／椭圆形草绿色（989）5g
［**工具**］发卡蕾丝编织器 4cm 宽　针…蕾丝钩针 2 号
［**成品尺寸**］参照图解
［**编织要点**］花片　**四边形**　60 个线圈／**六边形**　72 个线圈／**心形**　114 个线圈／**椭圆形**　96 个线圈
每种花片都参照图解在花片中心的线圈里进行挑钩，将织片的编织终点和编织起点连接成环。挑钩外围的线圈，分别调整形状。椭圆形花片参照 p.45 进行编织。

六边形
72个线圈

＊四边形的编织方法见 p.76
椭圆形的编织方法见 p.78

▻ = 接线
► = 断线

心形
114个线圈

tippet

连接花片的装饰领 p.42

［**材料**］线…DMC BABYLO 10 号 原色（ECRU）25g
［**工具**］发卡蕾丝编织器 4cm 宽 针…蕾丝钩针 2 号
［**成品尺寸**］参照图解
［**编织要点**］花片 64 个线圈 7 个
参照 p.43 编织花片。从第 2 个花片开始，一边与前一个花片连接一边继续编织。连接 7 个花片后钩 2 行边缘编织。钩织 2 条罗纹绳（参照 p.59）作绳子，缝在指定位置。

装饰领
（连接花片）

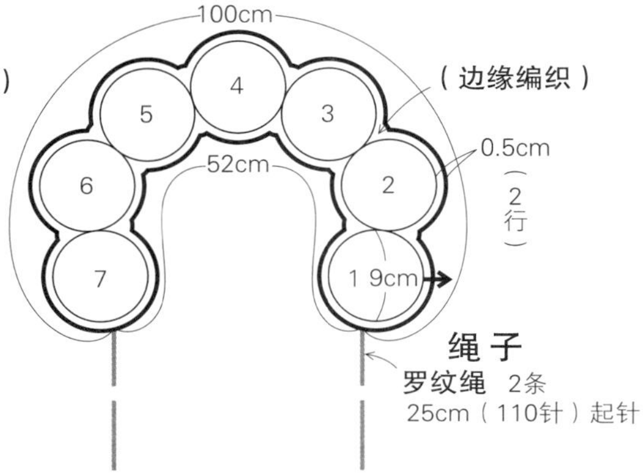

花片
64个线圈

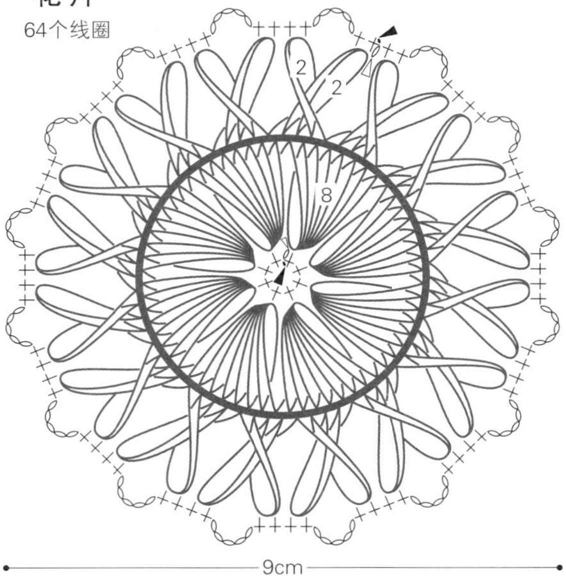

▻ = 接线
► = 断线

＊ p.77 椭圆形

椭圆形
96个线圈

边缘编织
②
①
绳子
▻ = 接线
► = 断线

jugcover
水杯盖布 p.40

[**材料**] 线…DMC　BABYLO 10 号　a 米灰色（822）15g/b 黄色（743）10g、橘黄色（741）1g
[**工具**] 发卡蕾丝编织器 4cm 宽　针…蕾丝钩针 2 号
其他…a 大圆珠（黄色）345 颗 / b 钩玉串珠 4mm（白色）24 颗、大圆珠（橘黄色）144 颗
[**成品尺寸**] 直径 a 25cm / b 20cm
[**编织要点**] 花片 aⒶ60 个线圈、Ⓑ240 个线圈 / b 120 个线圈
a 花片的中心（Ⓐ）穿入线后收紧，连接成环。Ⓐ的外围每 2 个线圈为一束进行挑钩，钩织 2 行。钩第 3 行时，换成手拿Ⓑ靠近自己一边，每 4 个线圈为一束一边挑钩一边与Ⓐ连接。将Ⓑ连接成环，编织外围。在线中穿入串珠后再接线，第 1 行看着正面钩织，第 2 行看着反面钩织，在指定位置钩入串珠。
b 花片的中心参照 p.41，每 2 个线圈为一束，一边挑钩一边与钩针花片连接。将织片连接成环，花片外围在每个线圈里进行挑钩，钩完 4 行后断线。在线中穿入串珠后再接线，按图解钩最后一行。

水杯盖布 b
黄色
120个线圈
外围的第5行用橘黄色线、其他全部用黄色线编织

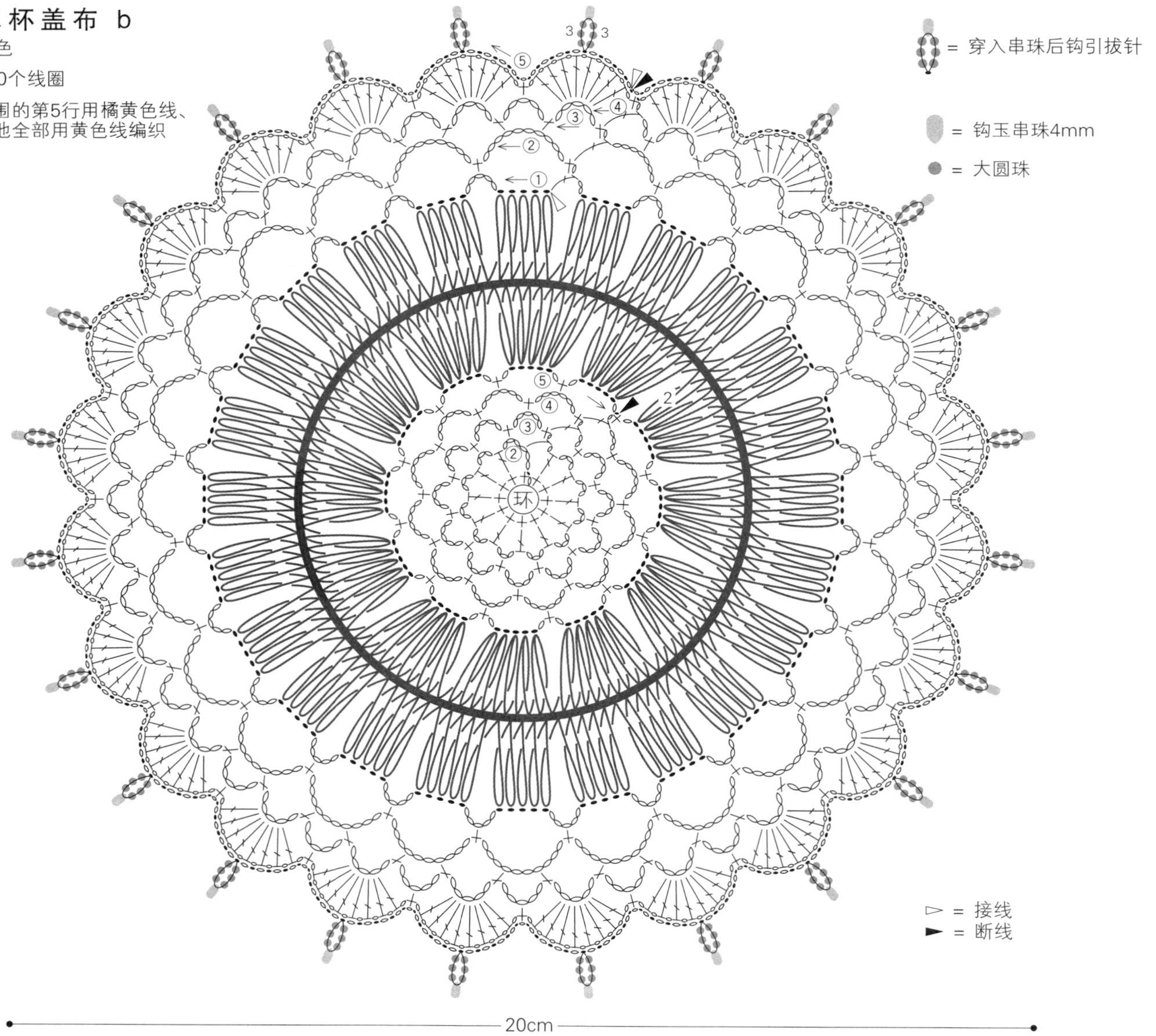

水杯盖布 a

米灰色

Ⓐ 60个线圈

Ⓑ 240个线圈

▷ = 接线

▶ = 断线

● = 大圆珠

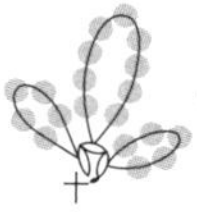

= 钩1针短针（★），“穿入5颗串珠后钩1针锁针、穿入9颗串珠后钩1针锁针、穿入5颗串珠后钩1针锁针”，然后按狗牙拉针的钩织要领在短针（★）里引拔

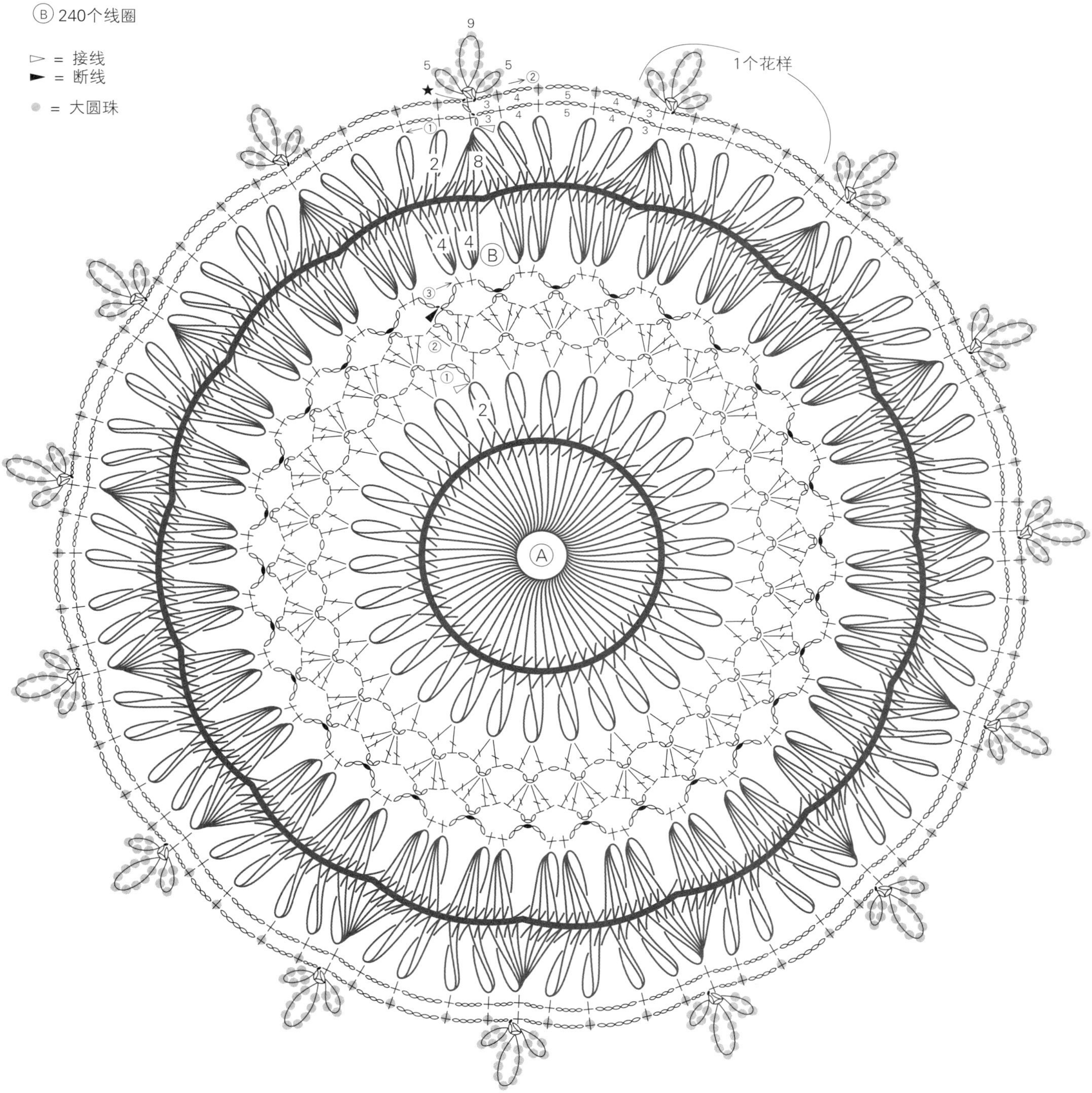

25cm

bag

小包 p.47

［材料］线…DMC BABYLO 10号 米色（842）**大** 15g / **小** 5g、橘黄色段染（90）**大** 10g / **小** 5g
［工具］发卡蕾丝编织器 4cm宽 针…蕾丝钩针 2号
其他…密织平纹棉布 **大** 23cm×32cm / **小** 13cm×24cm
［成品尺寸］**大** 宽21cm、深14cm / **小** 宽11cm、深10cm
［编织要点］饰带 **大**Ⓐ54个线圈 2条、Ⓑ120个线圈 2条 / **小** 54个线圈 2条
大 包的侧面由饰带连接而成。用米色线编织2片侧面。将饰带Ⓐ挑钩成U形。参照图解，饰带Ⓑ一边与Ⓐ连接一边进行挑钩。在周围钩2行边缘编织。钩边缘编织的第3行时，将侧面正面朝外对齐，先在2片侧面里一起钩侧边和底边，然后在袋口钩1圈。钩织2条提手，缝在包的袋口。缝制内衬袋，在主体的袋口进行卷针缝。
小 侧面与大号包饰带Ⓐ部分为止是一样的。参照图解进行编织。

包（小）

侧面 2片

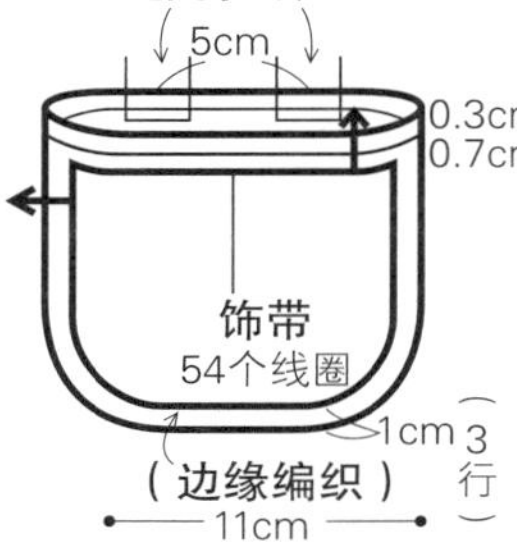

提手 2条

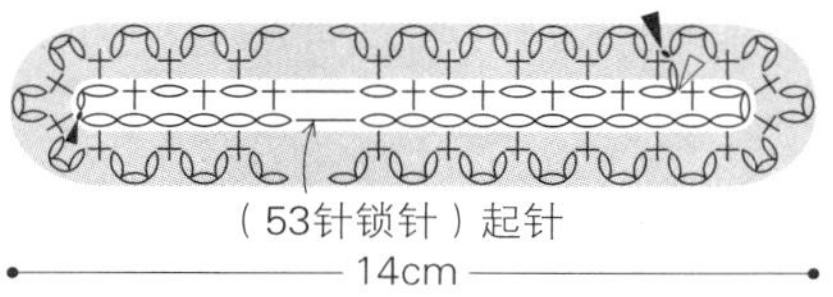

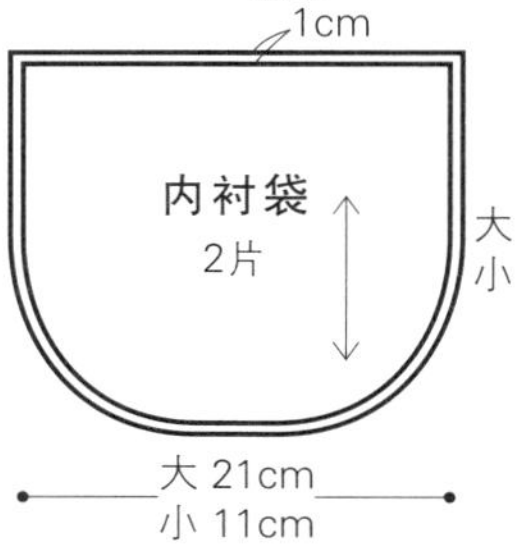

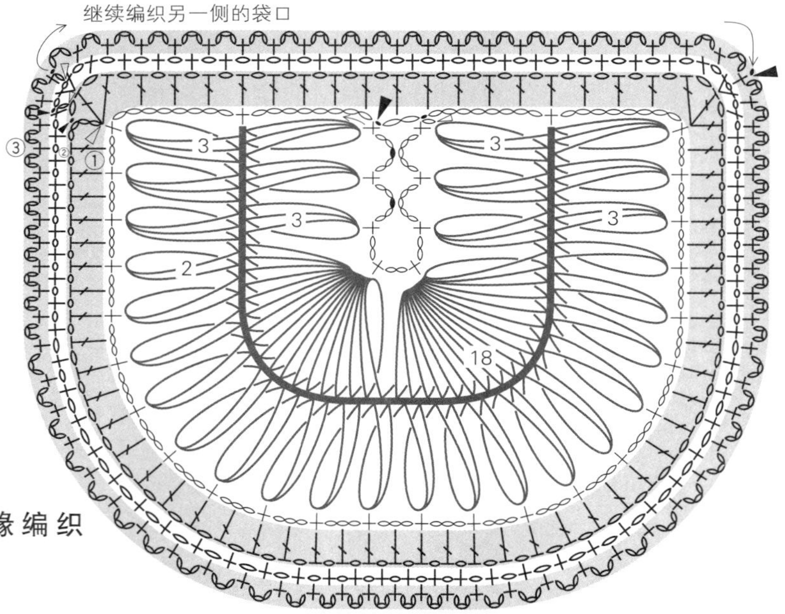

边缘编织

包的侧面

※ 钩边缘编织的第3行时，将2片侧面正面朝外对齐后接合。
袋口处则是2片侧面分开来钩织。

▷ = 接线
► = 断线
▢ = 橘黄色段染
* 除指定以外全部用米色线编织。

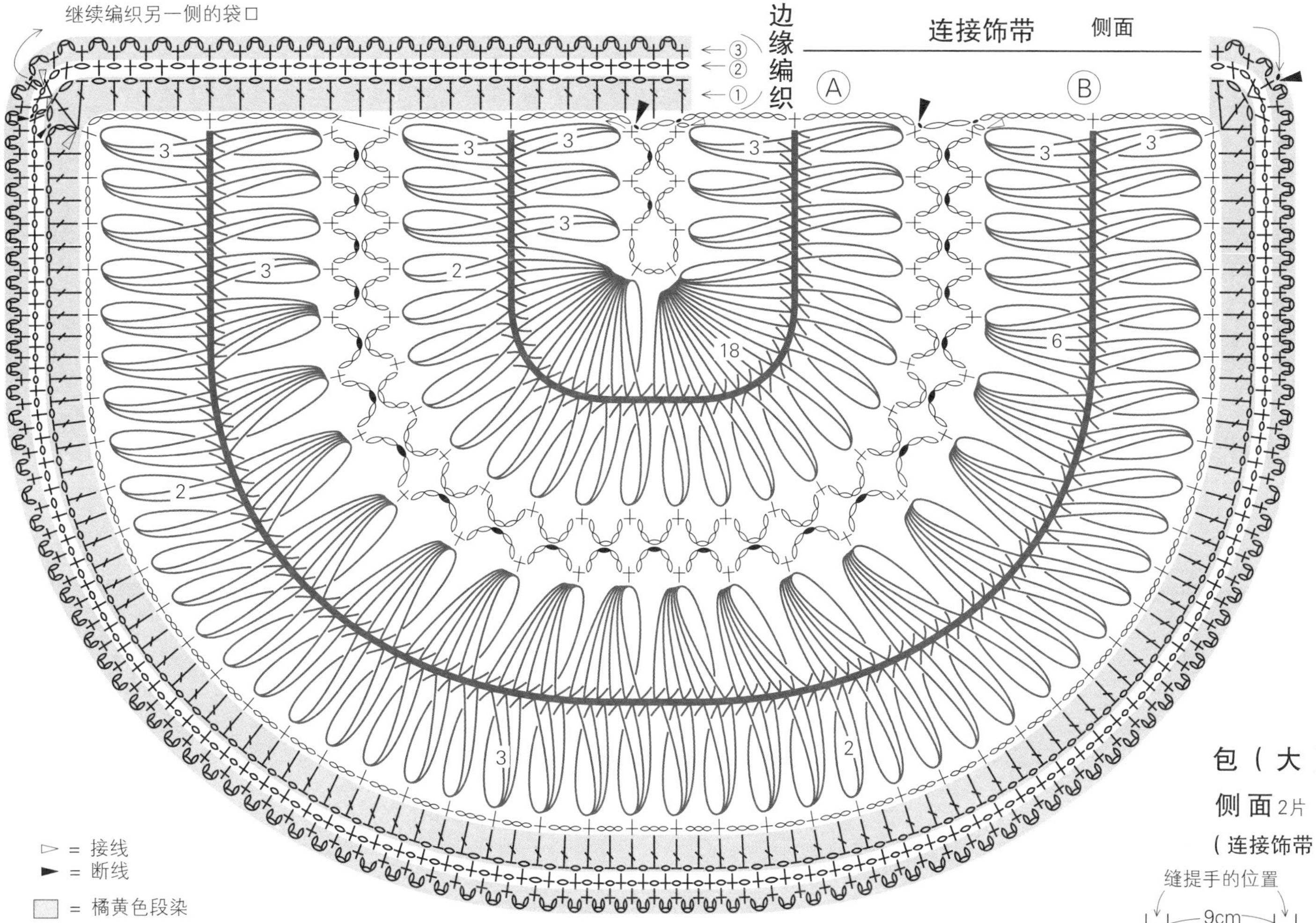

▻ = 接线
► = 断线
□ = 橘黄色段染

＊ 除指定以外全部用米色线编织。

包（大）

侧面 2片（连接饰带）

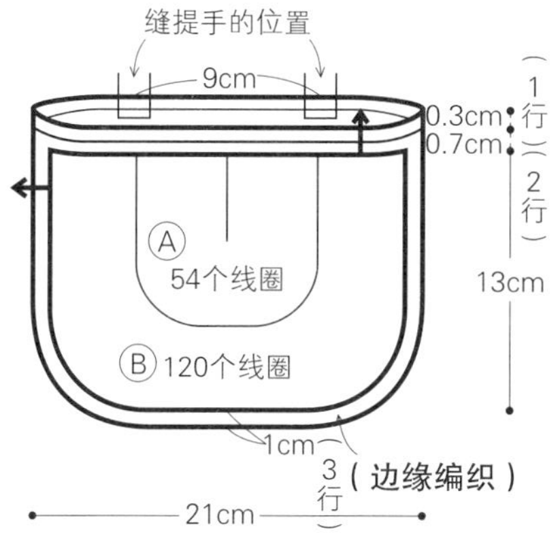

提手 2条

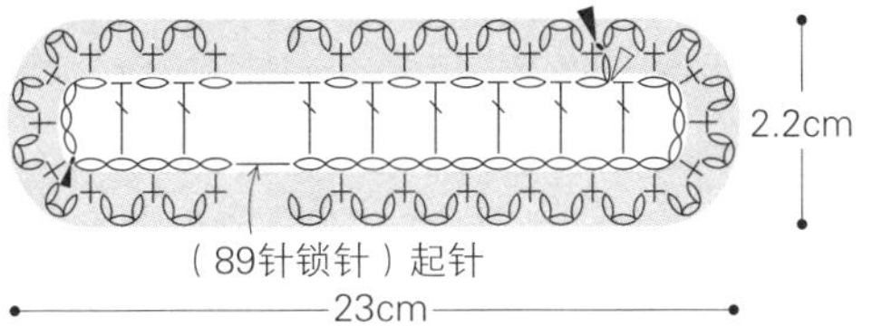

包的侧面

※钩边缘编织的第3行时，将2片侧面正面朝外对齐后接合。
袋口处则是2片侧面分开来钩织。

钩针编织的符号图与编织方法

符号图的看法　符号图均为从正面看到的织物的状态。每隔一行翻转织物往返编织的情况下，锁针的立针在右侧时，该行看着正面编织；锁针的立针在左侧时，该行则看着反面编织。

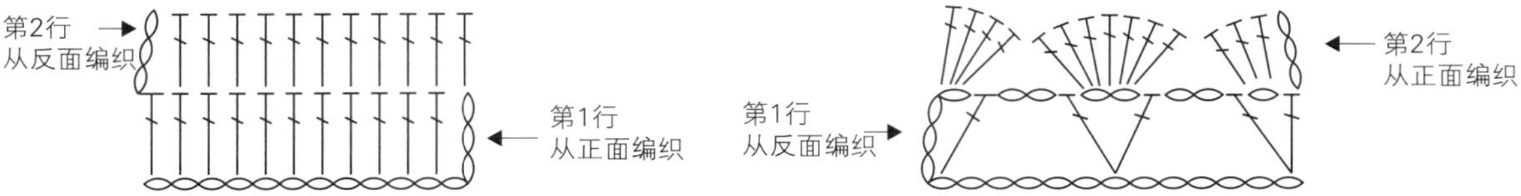

起针的方法

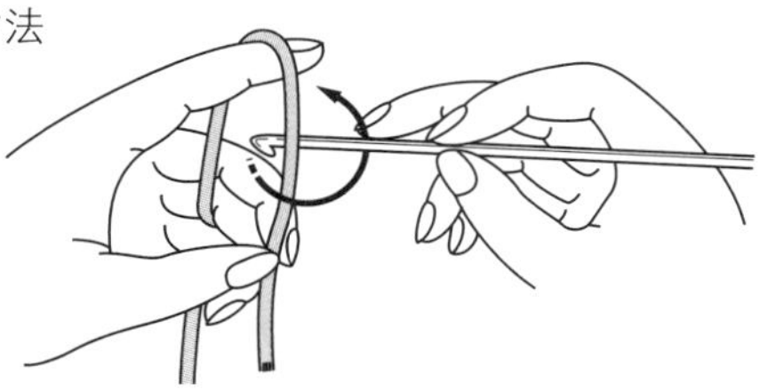
1.将钩针置于线的后方，按箭头所示转动1圈。

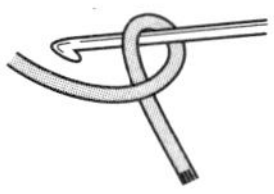
2.将线绕在钩针上。

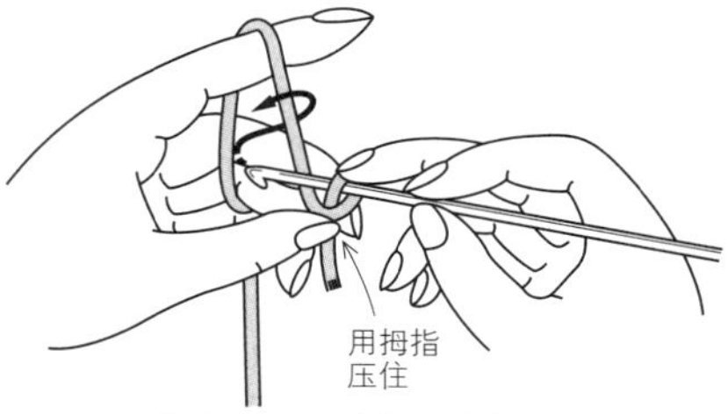

3.如箭头所示转动钩针挂线。

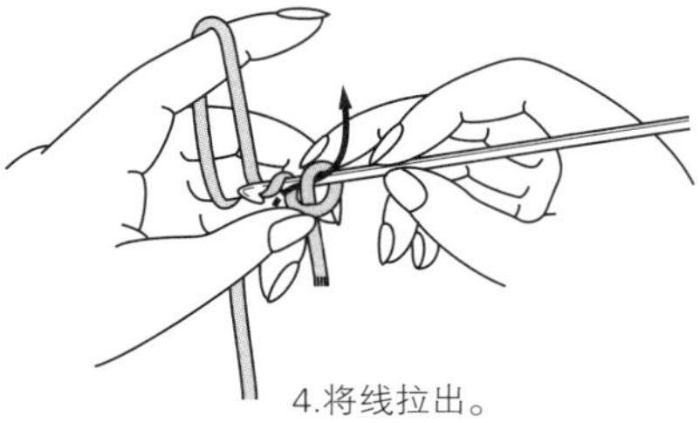
4.将线拉出。

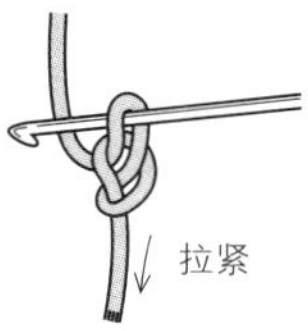

5.拉紧线头。

6.最初的针目完成。此针不算作第1针。

锁针

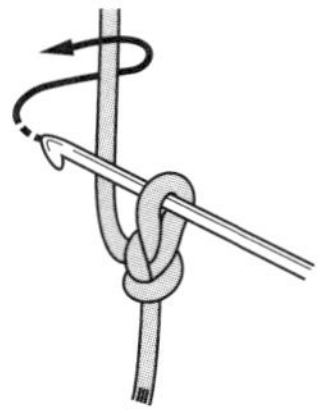
1.如箭头所示转动钩针挂线。

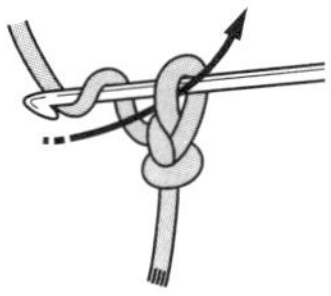
2.将线从挂在针上的针目里拉出，1针锁针完成。

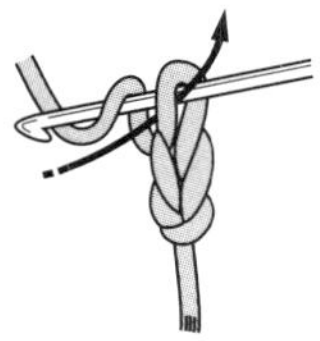
3.用同样的方法挂线拉出。

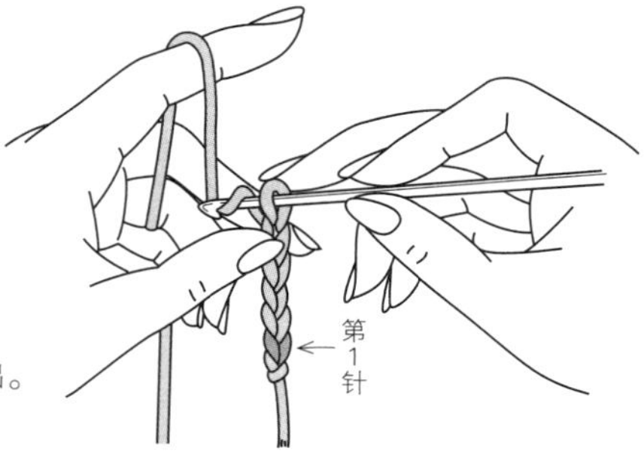

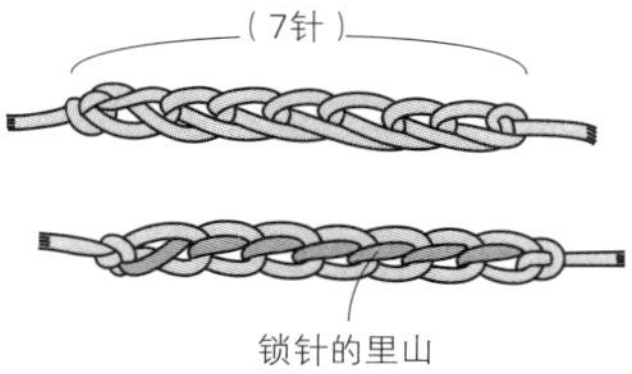

起针的挑针方法

从里山1根线里挑针

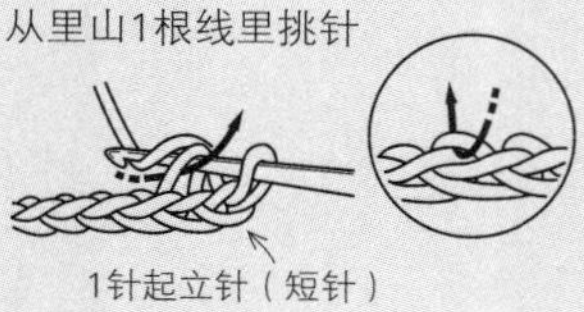

从半针和里山2根线里挑针

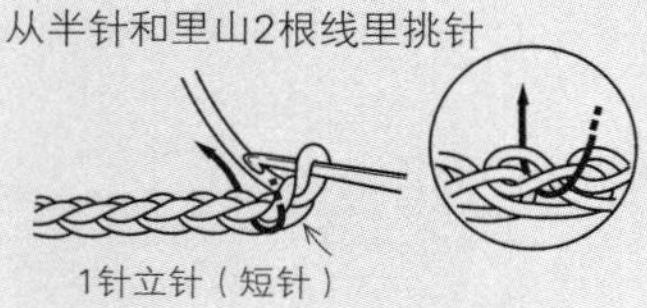

手指挂线环形起针

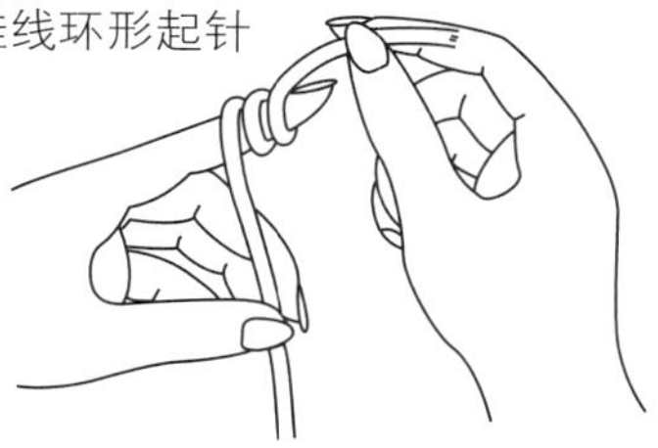

1.在食指上绕2圈线，制作圆环。

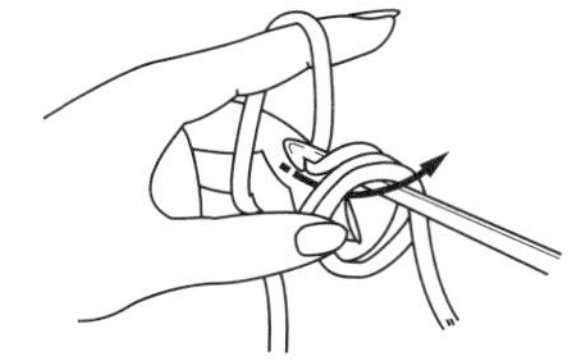

2.在圆环中插入钩针，挂线后拉出。

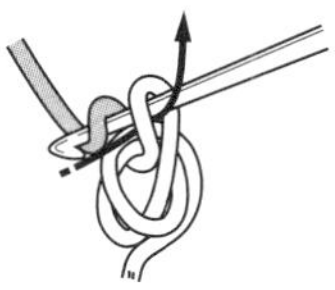

3.再次挂线拉出。

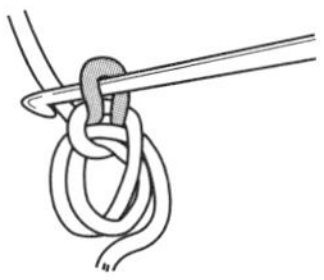

4.环形起针完成。此针不算作1针。

钩织方法

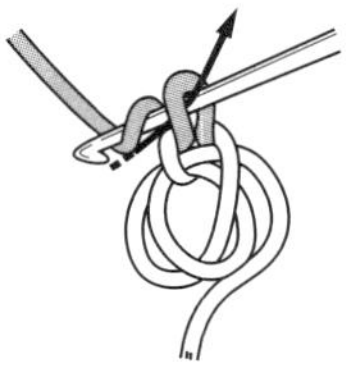

1.钩1针锁针作为立针。

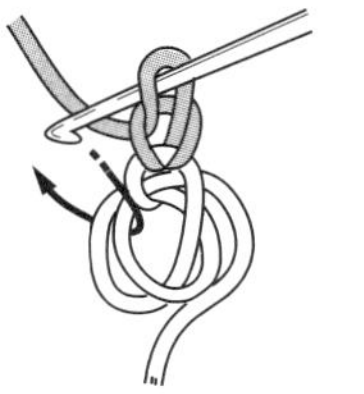

2.如箭头所示，在圆环中插入钩针。

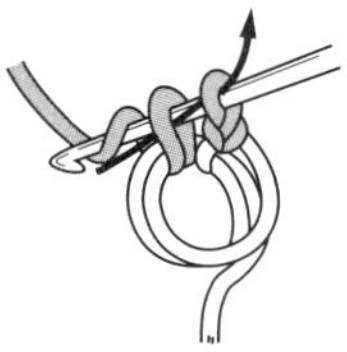

3.在起针的圆环里钩短针。

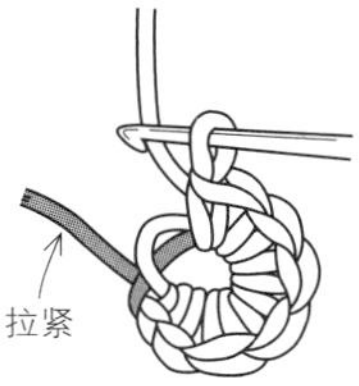

4.第1行的短针钩织完成后，拉紧线头，收紧中间的圆环。

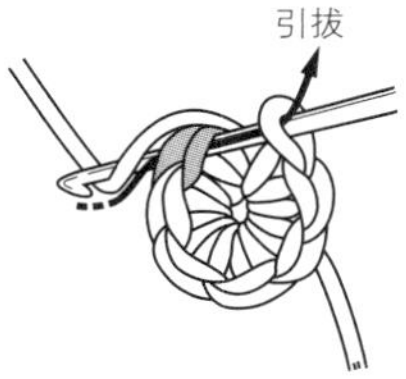

5.在编织起点的短针里插入钩针引拔。

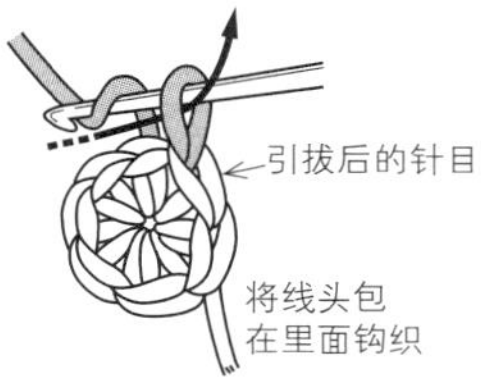

6.钩1针锁针作为第2行的立针。

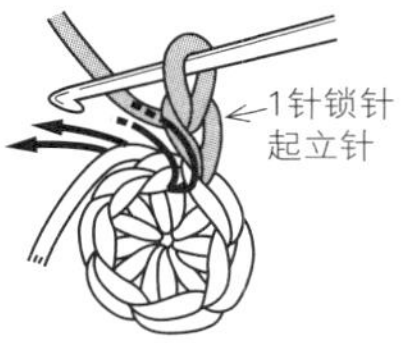

7.第2行将起针时的线头包在里面钩织。

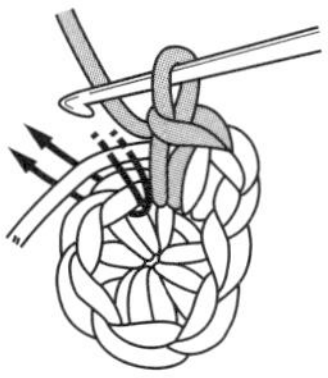

8.在前一行的每针短针里钩2针短针。

钩引拔针连接花片

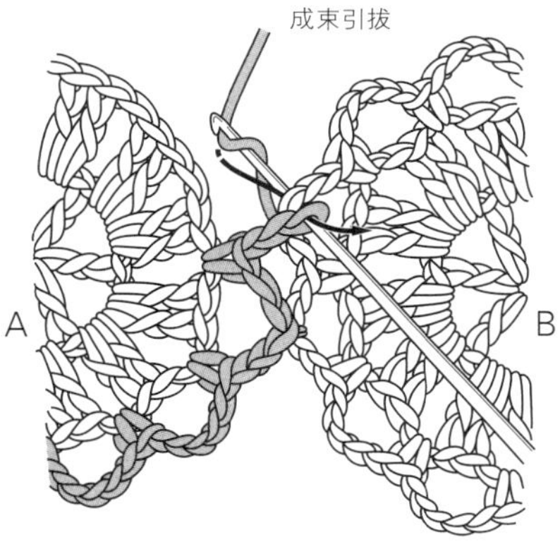

1.花片的最后一行，在5针锁针网眼针的第3针进行连接。在相邻的花片B的线圈里从上往下插入钩针引拔。

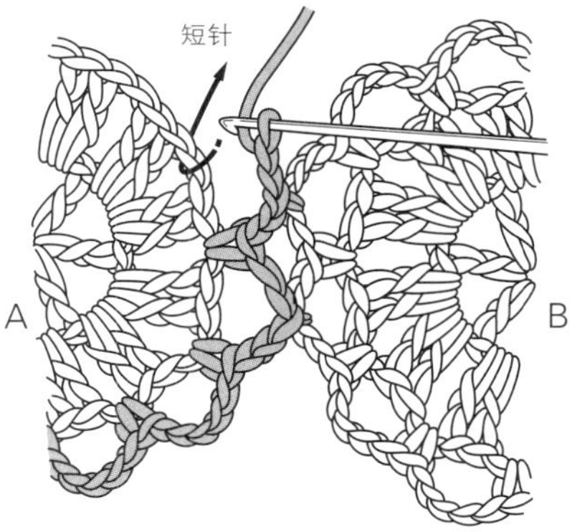

2.回到正在钩织的花片A继续钩织。

卷针缝

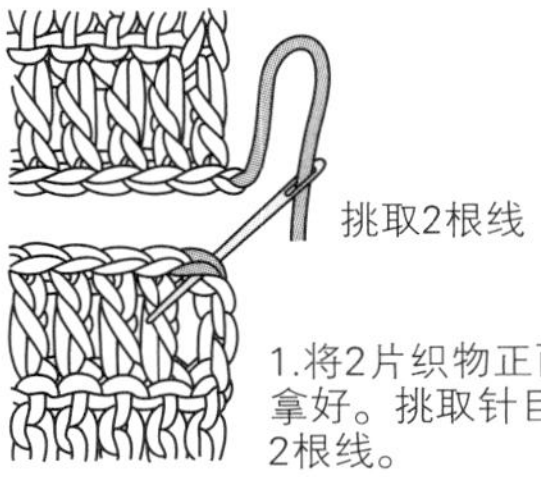

1.将2片织物正面对齐拿好。挑取针目的头针2根线。

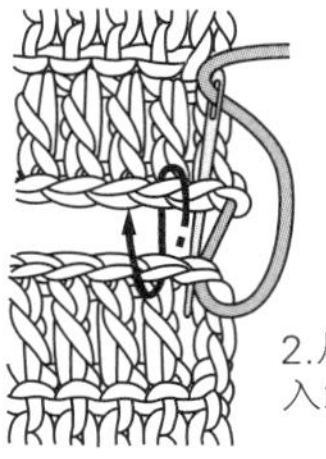

2.从后向前一针一针插入缝针。

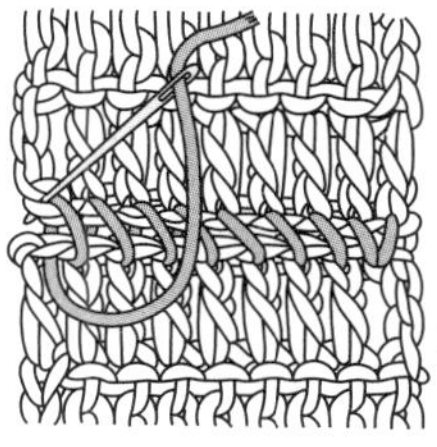

3.最后在同一个针目里插入缝针。

引拔针

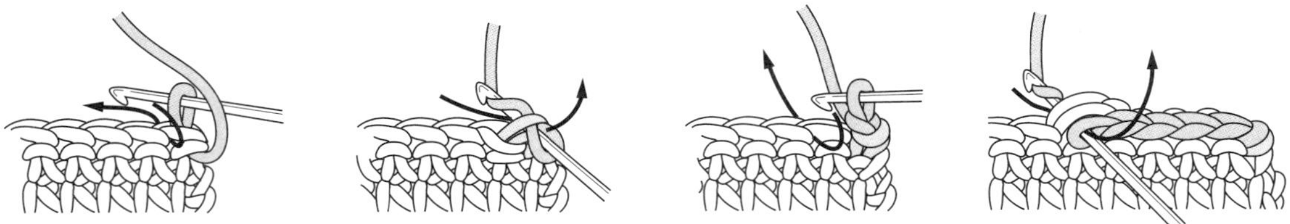

1.如箭头所示，在前一行的针目里插入钩针。

2.在针上挂线后拉出。

3.1针引拔针完成。在旁边的针目里插入钩针。

4.重复步骤2、3，继续钩织。

短针

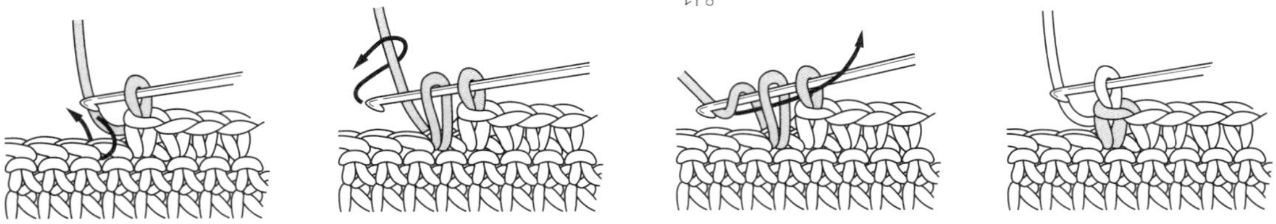

1.如箭头所示，在前一行的针目里插入钩针。

2.将线拉出。

3.在针上挂线，如箭头所示拉出。

4.短针完成。

中长针

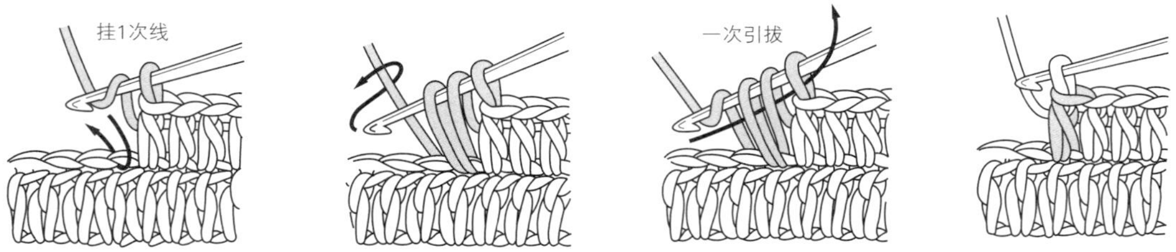

1.在针上挂线，如箭头所示，在前一行的针目里插入钩针。

2.将线拉出。在针上挂线。

3.一次引拔穿过针上的3个线圈。

4.中长针完成。

长针

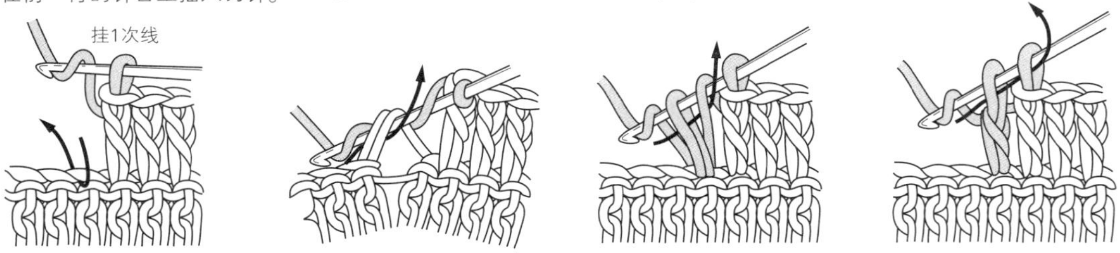

1.在针上挂线，如箭头所示，在前一行的针目里插入钩针。

2.将线拉出。

3.引拔穿过针上的2个线圈。

4.再次引拔穿过2个线圈。长针完成。

长长针

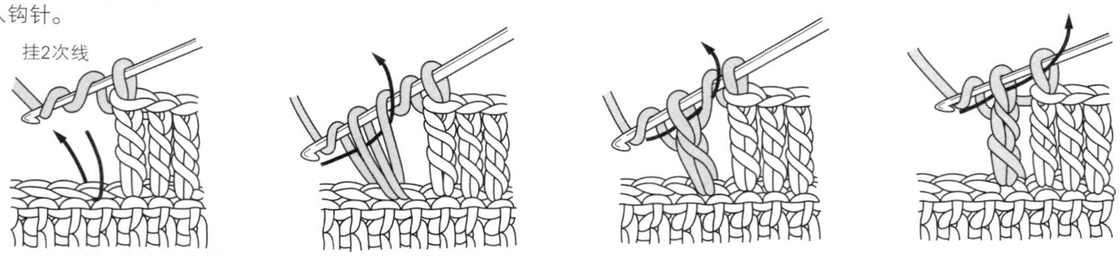

1.在针上挂2次线，如箭头所示，在前一行的针目里插入钩针后挂线拉出。

2.引拔穿过针上的2个线圈。

3.再次引拔穿过2个线圈。

4.再次挂线，引拔穿过2个线圈。长长针完成。

短针的菱形针

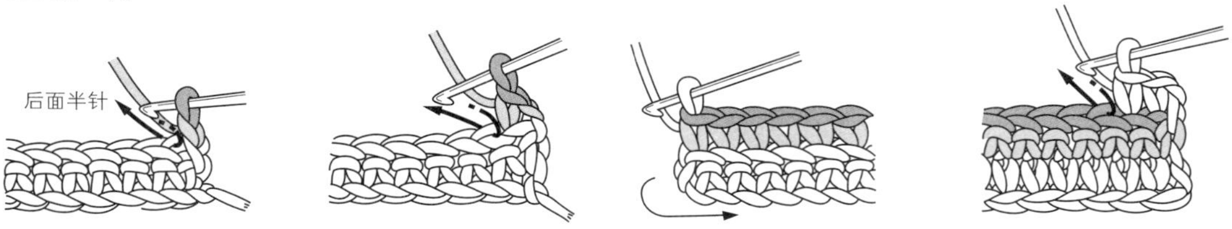

1.在前一行针目的后面半针里插入钩针。

2.钩短针，下个针目也按同样的方法插入钩针。

3.钩至末端时，如箭头所示翻转织物。

4.总是在后面半针里插入钩针钩织。

短针2针并1针

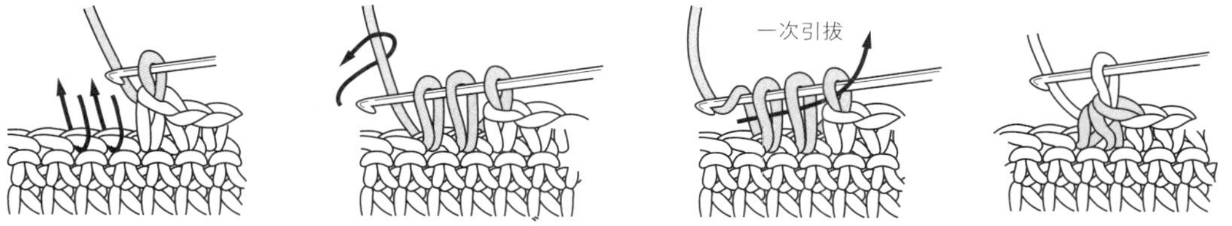

1.如箭头所示，在前一行的2个针目里插入钩针。

2.分别挂线拉出，在针上挂线。

3.一次引拔穿过针上的3个线圈。

4.短针2针并1针完成。

3针锁针的狗牙拉针

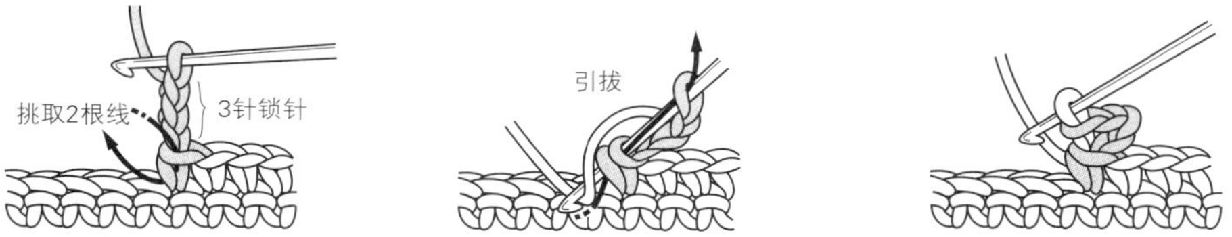

1.钩3针锁针，如箭头所示插入钩针。

2.挂线引拔。

3.3针锁针的狗牙拉针完成。

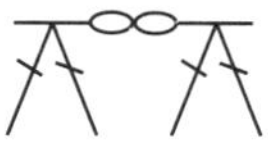

长针2针并1针

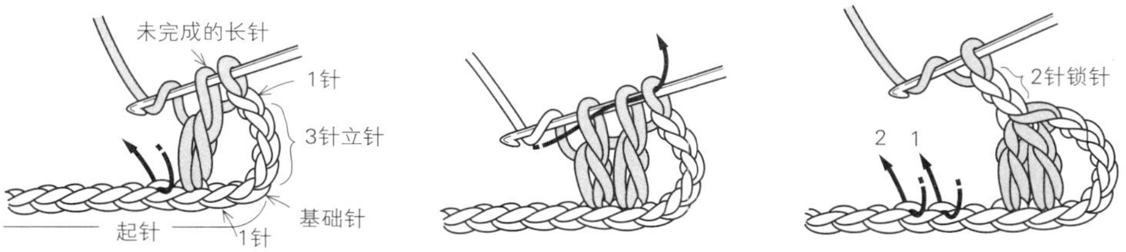

1.先钩1针未完成的长针，然后在下个针目里也钩1针未完成的长针。

2.挂线，一次引拔穿过针上的3个线圈。

3.长针2针并1针完成。接下来在箭头位置钩织。

成束钩织3针长针的枣形针

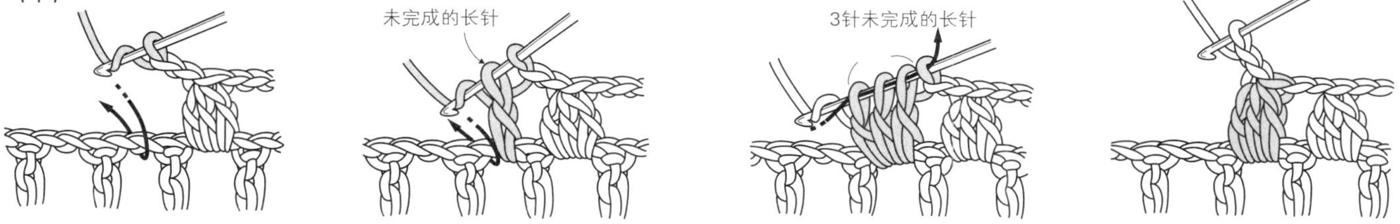

1.如箭头所示插入钩针，将前一行的锁针全部挑起。

2.用同样的方法钩3针未完成的长针。

3.挂线，一次引拔穿过针上的4个线圈，完成。

4.第2个枣形针完成的状态。钩下一针的锁针后，针目即摆正位置。

网眼针

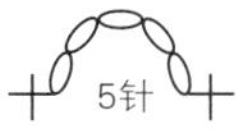

1. 5针锁针和1针短针的网眼针。如箭头所示，将起针的针目分隔开进行挑针。

2.钩完1行至末端时，如箭头所示翻转织物。

3.将前一行的锁针全部挑起，成束钩织。

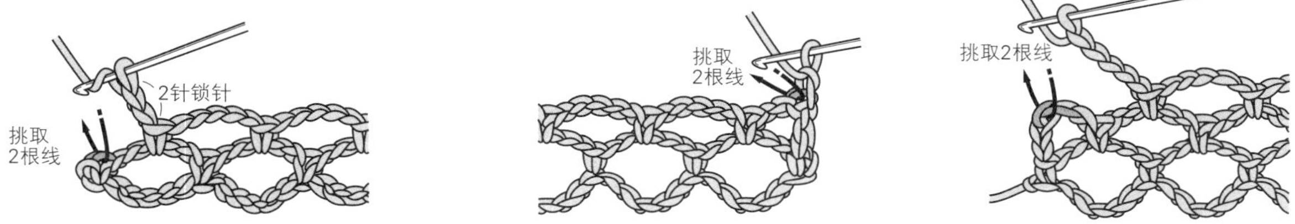

4.末端的1针将钩针插入前一行短针的头针里钩长针。

5.逆时针翻转织物，钩1针锁针的立针。重复钩“1针短针、5针锁针”。

6.末端的1针将前一行锁针的立针分隔开钩短针。重复步骤2~6。

Photographers:SATOMI OCHIAI YUKI MORIMURA
Original Japanese edition published in Japan by NIHON VOGUE CO., LTD.,
Simplified Chinese translation rights arranged with BEIJING BAOKU INTERNATIONAL CULTURAL DEVELOPMENT Co.,Ltd.

著作权合同登记号：图字16−2013−112

有泉佳子 (Yoshiko Ariizumi)

1955年出生于东京都足立区。
公益财团法人日本编物检定协会 理事
在霞丘技艺学院学习蕾丝，接触了在此之前不曾了解的各种技法的蕾丝后便乐在其中。
目前已经举办了两次个人作品展。
2005年 在公益财团法人日本编物手艺协会主办的编物手艺新作发表大赛中获得Otsuma Kotaka纪念奖。
2007年 在财团法人日本手艺作家联合会创作手工艺展上获得文部科学大臣奖。
在霞丘技艺学院、公益财团法人日本编物手艺协会、读卖文化中心町屋、目黑学园文化学校等担任蕾丝编织讲师。

图书在版编目（CIP）数据

发卡蕾丝入门教程 /（日）有泉佳子著；蒋幼幼译. —郑州：河南科学技术出版社，2017.11
ISBN 978-7-5349-8904-9

Ⅰ. ①发… Ⅱ. ①有… ②蒋… Ⅲ. ①钩针−编织−教材 Ⅳ.①TS935.521

中国版本图书馆CIP数据核字（2017）第224275号

出版发行：河南科学技术出版社
地址：郑州市经五路66号　邮编：450002
电话：（0371）65737028　65788613
网址：www.hnstp.cn
策划编辑：刘　欣
责任编辑：刘　瑞
责任校对：马晓灿
封面设计：张　伟
责任印制：张艳芳
印　　刷：北京盛通印刷股份有限公司
经　　销：全国新华书店
幅面尺寸：213 mm × 285 mm　印张：5.5　字数：120千字
版　　次：2017年11月第1版　2017年11月第1次印刷
定　　价：49 .00元